金商道

The positive thinker sees the invisible, feels the intangible, and achieves the impossible.

惟正向思考者，能察於未見，感於無形，達於人所不能。 —— 佚名

大店長開講 2

夢想店的
18堂品牌必修課

第一本本土服務業品牌管理實戰手冊

cama café 後發先至，成為連鎖咖啡品牌大黑馬
全聯福利中心逆齡思考，成功將老通路變身潮牌
春水堂百年雄心，終將珍珠奶茶從台灣紅到全世界
三大標竿品牌，首度公開「**品牌建立**」、「**品牌改造**」、「**品牌永續**」的核心戰略和實戰案例。

本書助你不只「**會做**」還要「**會賣**」，提升夢想店的經營層次。

作者介紹

何炳霖

政治大學行銷碩士學分班、文化大學大眾傳播系畢業，十八年廣告人資歷，前日商聯旭廣告、美商李奧貝納客戶群總監，負責中華電信等專案客戶。二〇〇六年創立cama café連鎖外帶咖啡品牌，截至二〇一六年十月，全台展店已達一百家。取得美國精品咖啡協會SCAA國際咖啡杯測師資格、《商業周刊》「風尚經濟學」專欄作家。現為咖碼股份公司董事長。

劉鴻徵

輔仁大學大眾傳播系廣告組畢業，前統一超商整合行銷部部長，曾策畫近一千檔電視廣告企畫，並催生「OPEN小將」、「全聯福利熊」等企業角色人物，以及「簡單生活節」、「夢時代氣球大遊行」、「高雄啤酒節」等大型活動。現為全聯福利中心行銷部協理。

劉彥伶

美國普渡 Purdue 大學人資碩士、成功大學外文系畢業。二〇一二年起逐步翻新春水堂品牌形象，二〇一五年帶領春水堂參與米蘭世界博覽會，同年建立內部教育中心「春水學堂」。二〇一六年起負責「春水堂」日本東京、橫濱等地展店業務，主導「Mocktail 瑪可緹」西式茶館集團新創品牌與「秋山堂」茶文化藝術空間。現為春水興業人資部經理暨發言人。

尤子彥

大學修心理，研究所念新聞，曾任臨床心理師、報社財經記者，現為《商業周刊》副總主筆、商周學院「大店長講堂」主持人。著有《大店長開講》、《沒有唯一，哪來第一：捷安特劉金標與你分享的人生思考題》。

〈推薦序一〉

品牌來自格局與想像力

許銘仁

九月底強颱過後，尤子彥傳簡訊給我說，他即將出版《大店長開講2》一書，問我是否願意以微熱山丘創辦人為這本書寫推薦序？我遲遲沒有回覆他，因為我心中猶豫又不知該怎麼拒絕。但他已經準備寄出書稿，我才問他，我真能為這本書加分嗎？畢竟他身邊應該有很多大人物可以給予加持，他回答我說，大人物加持固然好，但是微熱山丘帶給人希望！

衝著這句話，我就答應了，是說連我這種品牌及糕點的門外漢，都可以搞出一點東西，這對很多人將是另一種鼓勵。我很認真地一次把書稿看完，有一個強烈心得：創業真是「知難行易」，不是要等懂得所有的事情才敢去做，而是邊做邊學邊成長。創業，就是需要有一點冒險的勇氣。

所有事情都有一個很簡單的起始點，得先找到了那個點，事情才會慢慢依序展開。問題是每個人眼前都存在著太多的可能性，究竟該如何取捨及抉擇，通常不是知識或技巧的問題，而是境界、格局和眼光的問題。

如同書中提到許多人心中的夢想是「總有一天，我要開一家自己的咖啡店」，但不同的人，他們心中的咖啡店可能天差地別，當你起心動念的當下，可能就已經決定事情大小或成敗了。書中也提到，只要經營心態對了，小店就可能成為大企業，因為所有大企業都是從小企業起步的。

當讀到春水堂提到他們的品牌戰略思考，是站在台灣茶飲界指標品牌高度，想的已不只是一家店如何被看見，而是茶文化和台灣如何才能被全世界更多人深刻認識，這就是格局和境界。

所以得先找出那個初心，為什麼要做這件事？再來想清楚，怎麼做才能讓自己充滿熱情與能量？怎麼做才能讓事業可以生存下來、可以發展下去？怎麼做可以拒絕平庸跟別人不一樣？這些事就完全靠想像力，天馬行空的想像力，完全不受束縛的想像力，而不是靠知識靠技能。愛因斯坦說：「想像力比知識更重要」，有想像力才有創新、才有未來、才能打造屬於自己的天地。

從書上這些成功的案例，我們學到的是如何跟他們一樣懂得獨立思考、懂得突破創新，而不是套用他們任何的招式，畢竟沒有任何一件事可以複製成功。

創業和任何事一樣，都是起頭難，除了要有強烈的企圖心外，了解自己有什麼、沒什麼，會什麼、不會什麼，也很重要，真正謙虛地了解自己沒有什麼、不會什麼，事情就有解決的辦法了，我們身邊總是有很多可以善用的專業資源，就看懂不懂得整合。

到了不同階段、不同規模、面對不同局勢，經營者更會碰到各種不同的問題及困難，如同書中不同品牌的困境或瓶頸，可以看到他們是用什麼樣的心境來面對和突破，當勇於面對時，通常最好的轉變都是在最困頓的時候激盪出來的，這也是為什麼人們常說危機就是轉機，或是時時保有危機意識，才能維持企業的活力，這是更有智慧的上策。

還有，我仍然相信「酒香不怕巷子深」這個生意的硬道理，如果人有好的初衷、好的素養、好的底蘊、好的工藝，做出來的東西一定夠好，那麼什麼也擋不了這個事實的力量。因此，當我們捫心自問，自己是否已經盡心盡力了？如果是，即可坦然迎接市場的挑戰。而我也不相信「有人懷才不遇」這個謬論，成就一件事必須多種條件俱足，懷才不遇或許只是條件不夠充分，還有欠缺的部分罷了。

看了這本書給我這樣的體會，相信也可以給其他人不同的收穫。

（本文作者為微熱山丘創辦人）

〈推薦序二〉

品牌，提升你給顧客的價值

李明元

幾年前，我還在擔任台灣麥當勞總裁的時候，有一天在民生東路餐廳訪店，一位年輕人走過來表示，曾經參加過我們的記者會，想要問我一些有關營運服務的問題。

當時覺得很奇怪，因為一般記者多是問我業績成長多少、今年開了幾家店、賺多少錢等等，比較少問營運上的問題，所以就花了一點時間仔細說明。這位記者就是尤子彥先生，後來我才知道他大學念的是心理系，難怪對於消費者行為、櫃檯人員服務有那麼多深入的分析觀察。

之後，子彥找了信義房屋的周俊吉董事長、王品集團的戴勝益董事長，和我一起在《商業周刊》上發表經營管理心得，並回答許多店長的問題，歸納整理在「店長學堂」專欄連載，於是成就了《大店長開講》這本書。

過去五年，我在亞洲及中國大陸工作，不時有年輕人拿著這本書要我簽名，除了覺得榮幸，也可以證明《大店長開講》這本祕笈的功力和影響力。

繼《大店長開講》著重在營運實戰祕笈之後，如今要出版《大店長開講2》了，更高興還能替他寫序。這次的內容專注在品牌的探討，希望藉由品牌經營提升一家店帶給顧客的價值。

建立品牌是台灣大多數經營者的夢想，然而，至今卻還不是那麼如願，特別是進入了像中國大陸這麼大的市場量體，幾年折騰下來就走了樣。我認為基本上存在三個階段性的問題：首先是品牌／獲利模式的建構（get the model right），其次要有系統／人才做規模化（scale up），最後是有執行／再生的續航力（sustainability）。

《大店長開講2》經由三個品牌，以及三位非常專業的服務品牌實際操盤者，在上述三個問題上以案例探索的方式，深入淺出說明與驗證，非常精采，值得一讀再讀，相信店長們的功力一定會越練越厲害！

（本文作者爲麥當勞前亞洲區副總裁、上海交通大學海外教育學院兼任教授）

〈推薦序三〉

各界名人推薦

（按姓氏筆畫序）

本書把管理視野，從營運現場拉高至品牌策略，讓思維從維持今天的生意，到創造長久的生意，培養大店長成為第一線的執行長。

——薰衣草森林執行長 王村煌

我在竹山小鎮上創業十一年，經歷許多困難與挑戰，付出許多代價後，才逐漸累積一點一滴的創業經驗，讀完《大店長開講2：夢想店的18堂品牌必修課》本書後，讓我理解到，原來在千變萬化的市場中，仍有確定的商業準則值得學習。

好朋友們，無論你是否已經創業，或者未來嚮往創業，《大店長開講2》會是陪伴你的最佳良師與益友。

——「天空的院子」民宿、「小鎮文創」創辦人 何培鈞如何以品質為核心、行銷為策略，用文化來溝通、創新來突破，讓永續成為品牌使命，本書有完整探討，真的很棒！

——阿默蛋糕創辦人　周正訓

服務業的成功關鍵在於融入顧客的情境，創造令人感動的貼心服務，才能提升顧客的信賴與支持。

——全聯福利中心總裁　徐重仁

瓦城泰統自第一間店開始，即專注於東方餐飲領域自創品牌，至二〇一六年，正式成為全台唯一百店規模的東方連鎖餐飲集團。九千多個日子，我們致力為顧客創造超乎期待與感動的「品牌體驗」，正與本書探討的核心價值不謀而合，相信書中許多案例及實用建議，將有助啟發國內許多服務業者，一同以品牌思維前進國際舞台，為台灣爭光。

——瓦城泰統集團董事長　徐承義

《大店長開講2》不只告訴你如何當店長，而是告訴你如何築夢與逐夢。

——台灣無印良品總經理　梁益嘉

目錄

Part 2
品牌改造
克服市場阻力，業績自然動起來　099

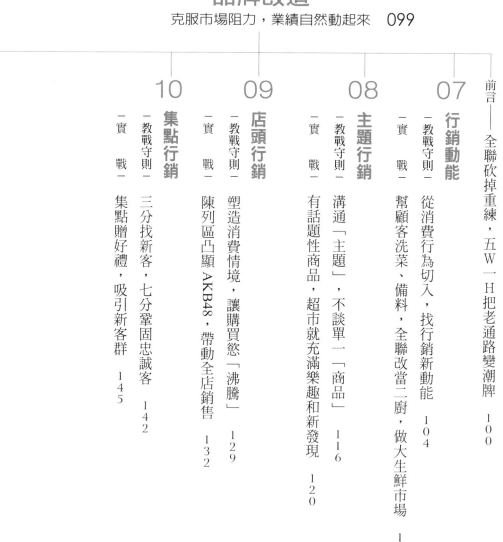

Part 3 品牌永續

15

「離」，脫離昨日成功模式

16

「潮」，多方尋找成長動能

17

「趣」，體驗品牌理念

18

「道」，以無形超越有形

〈作者序一〉

累積經驗，開夢想店！

何炳霖

開店，並不簡單，當你決定要開店的那一刻起，就是一連串挑戰的開始……。

本書設定的讀者，是「想要開店的人」。當年，我也是那個「想要開店的人」，一開始開了幾間不是很成功的店，累積了一些失敗經驗，然後再從頭開始。目前開了一百間店，未來還會繼續開，而且不僅開同一類型的店。

如果問我，要如何有系統、有步驟地建立品牌做好行銷，開一間成功的店？我的回答是，所有的教訓和經驗，都寫在本書中了。

自從與《商業周刊》合作「風尚經濟學」專欄以來，我試著將品牌管理的觀點，以深入淺出的方式讓每一位想開店的人了解。如今，在本書中，除了專欄中提出的觀念，更加上案例說明，讓你如看精采故事般理解品牌行銷的觀念，進而能活用。

我認為，成功建立品牌的第一步在於找對人、說對話。

「找對人」，指的是有精準的目標客群設定，找對你的客人之後，了解你的客人，更要針對你的行業與定位，界定客人的年齡、性別和喜好等變項。更關鍵的是，還要「說對話」，才能讓品牌力量帶來加乘效果。

近年竄紅的國際運動品牌Under Armour，推出的一系列廣告中，我就非常欣賞「I will what I want」（成就我要成為的）這句廣告文案，只有透澈了解品牌的目標對象，才能提出這樣有想像力、鼓動人心、誘發採取行動的文字，讓品牌行銷到全世界，快速占有運動市場的一片天。

另外，本書中的標竿品牌全聯福利中心，也是精采的例子，為吸引年輕消費者走入全聯，從價值觀切入，溝通省錢是一種時尚、一種美學，推出一波波膾炙人口的廣告文案，例如：「長得漂亮是本錢，把錢花得漂亮是本事」、「不管大包小包，能幫我省錢的，就是好包」等，既清楚鎖定目標對象，又精準地從網路世代角度，詮釋節儉也可以很潮的生活態度，成功扭轉全聯折扣店的品牌刻板印象。

開店，意謂選擇一條沒人走過的孤寂道路。回想我和妻子創業起步時，正值傑克．強森（Jack Johnson）發行《仲夏夜之夢》（*In Between Dreams*）專輯，

cama café開店初期，我們兩人忙到連換ＣＤ的時間都沒有，就任這張ＣＤ在店內反覆重播了大半年。十年後的現在，再聽到專輯前奏，時空一下子拉回當時情境，憶起種種艱辛，夫妻倆還會忍不住想掉眼淚呢。

在你開店的路上，想必也會和我們一樣，遇到許許多多的「問題」，這是必然的，問題的本質不就是「憑以前的經驗沒辦法解決的事」嗎？本書正是我們解決問題、記取教訓的心血累積，相信一定可以幫助你解決一些開店的疑惑，也絕對是快速累積實戰經驗的最好途徑。

敬祝各位大店長，開店成功、順利圓夢！

〈作者序二〉

全聯行銷的祕密

劉鴻徵

二十五年前，剛畢業就進統一超商的我，當時的廣告課課長徐光宇（現為統一星巴克總經理）問我：什麼是行銷？我在輔大念了四年廣告，卻無法精確說出行銷的意義，頗感汗顏。他引述彼得・杜拉克（Peter Drucker）的說法：「行銷就是讓銷售成為多餘。」也就是說，行銷做得好，就不用營業員聲嘶力竭叫賣，市場自然而然就動起來。

過去在統一超商的歷練，由於整個集團有四十多家關係企業，當時的徐重仁總經理有個經營哲學是：大企業的體力，小公司的精神。每個月有流通次集團的交流會議，看看各關係企業的行銷經驗分享，這跟一般公司放任子公司單打獨鬥，甚至鼓勵內部競爭，是很不一樣的經營哲學。對一位行銷人來說，再也沒也比這個更難得的平台，可以訓練一個完熟的行銷人了。

有本書《行銷二十二法則》，為千變萬化的市場環境，定義出二十二個切入市場的方法。行銷要成為一門真正的社會科學，一定要有可驗證、可複製的原理原則，甚至像經濟學一樣，發展出自己的數學模型，不然就只是一種做生意的經驗之談。

近年來，行銷大師菲利普・科特勒（Philip Kotler）提出行銷三・〇，主張行銷從早期的商品導向(行銷一・〇），消費者導向（行銷二・〇），進化到企業價值觀（行銷三・〇）的本質，行銷學看來又像是一門哲學，已經跟企業經營深刻地綁在一起。

「行銷力學」是我在本書中試著提出的一個想法，用非常簡單的物理常識，去解釋行銷的道理。雖然很粗淺，但物理學迷人的地方就在於，用簡單的圖解就可以解釋很多物理現象。行銷力學就是想用簡單的圖表來講複雜的品牌問題。而行銷三・0則是把品牌做深，建立消費者無可取代的品牌價值的根本解。

我的職場生涯很榮幸遇到幾個好老闆，來全聯後，認識了董事長林敏雄先生，他在建築業很成功，卻不忘記小時候的艱苦日子，希望把過去軍公教的福利中心，變成全民的福利中心。不但維持過去的軍公教福利價，開始有盈餘後，每年透過愛心福利卡及相關捐贈方式的金額也將近二億，有這樣的價值觀及實際作為，我覺得行銷三・〇就更好做了。

全聯的廣告，過去十年來在奧美策畫及過去全聯夥伴的努力下，一直是大家津津樂道的話題。奧美資深創意總監龔大中領導的創意團隊，擅長把客戶的劣勢轉成商品的USP（Unique Selling Proposition，獨特賣點），剛來全聯的時候，深怕把過去建立良好的品牌資產搞偏了，廣告業主的主要工作是說什麼（Say what），廣告代理商的主要工作是怎麼說（How to say），所以我們不斷的從全聯的潛在優勢去發掘新的行銷議題，提供豐富的創意素材，讓好的創意夥伴有源源不絕的乾柴可以熊熊的燃燒。

製造業的品牌經理跟服務業的品牌經理很不一樣，製造業的PM（Product Manager，產品經理）有自己的績效目標及獨立預算，去市場打天下。而服務業的品牌經理是要積極的掌握資源分配，因為溝通的是一家店，要能整合MDR（Merchandiser，商品企畫人員）及公司的資源，掌握全店成長的關鍵，才能讓整個店能持續成長。更精確地說，通路即是媒體，如何掌握市場議題的話語權，讓顧客隨著行銷魔笛起舞，帶動商品的銷售，就是通路行銷工作者最大的責任。

謝謝《商業周刊》給我這個機會，讓我將過去拍了近一千支電視廣告，和二十五年的行銷經驗做了整理，我覺得自己很幸運，在職場生涯一直遇到很好的前輩，跟一起打拚的夥伴，這些都是集體創作的成果，我只不過被《商業周刊》

逼得講出一套道理罷了。

全聯今年十八歲了，跟所有台灣的青年朋友一樣，正在跌跌撞撞地摸索學習，謝謝大家給本土流通品牌比較大的寬容，我們跟所有台灣年輕人一樣，夙夜匪懈的努力；跟所有婆婆媽媽一樣，精打細算的守護一個家，希望我們都可以買進更美好的生活。

我們不夠好，但希望跟你一樣努力；如果有哪些做得還不錯，祕密都寫在這本書裡了。

〈作者序三〉

思創新，走百年

劉彥伶

每年五月，京都銀杏開成綠油油一片之際，我們都會特地走訪這個千年古城，參加一年一度的「全國煎茶道大會」，感受來自各地不同茶道流派，如何以茶器、字畫與插花布置茶席，呈現獨特的美感與風雅。旅途中，也不忘走訪百年老店。

其中，位在宇治平等院附近的抹茶名店——中村藤吉本店，最令我印象深刻。

第一次造訪時，原本是以純粹朝聖的心情，欣賞這超過兩百年歷史的店鋪經典外觀，進到裡面之後才發現別有洞天。為容納眾多來客，傳統建築雖融合著擴建的現代建材，但新舊交錯毫無違和感。店內雖陳設許多歷史文物軌跡，卻有著符合現代的商品經營模式，食客們即使大排長龍也都耐心等待。賣相口感俱佳的抹茶白玉冰淇淋，更徹底擄獲我的心，現在回想起來，都還能感受在那當下，在老店享受甜點創造出來的幸福感。

看來，曲終人散下台一鞠躬，並非傳統老店的宿命，相反地，只要能找到新古交融的配方，就能持續綿延生意盎然。

台灣的百年老店不多，春水堂自我期許在七十年後的未來，有機會成為其中一間。我們除提供美味的餐點外，最重要的，是透過一杯茶與空間還有人的互動，創造每一天的幸福感，即便這幾年拓點到日本等海外市場，依然秉持著這樣的想法。在凡事講求即時速成、ＣＰ值（性價比）當道的年代，也許這樣長線經營的觀點並不合時宜，為堅持茶文化的不妥協做法，看在同業眼中甚至還有點傻，但一路走來，對品牌理念的堅持，終究也才能換來日益厚實的品牌根基。

這幾年我負責集團的品牌行銷和人資主管職務，體會到的是，行銷對外傳播溝通品牌文化的價值，人資則是對內塑造理念價值，讓員工表現出期望的樣貌，唯有當內外連成一線，才能正確表達企業想要傳遞的想法。

也就是說，每家企業的行銷長和人資長，扮演的就是品牌「文化長」角色，文化體現在最難複製的品牌哲學，它就像心法，大大的幾行字放在牆上，看著是明白的，但必須深植人心到骨子裡，才能發揮功效。服務業門市經營突發狀況百百種，人與人之間的互動和服務，僅靠ＳＯＰ只能達到勉強及格的六十分，當現場面臨許多決策上的選擇，正確答案亦從缺的時候，品牌哲學就像心中的指南針，成為解決問題與引領品牌創新方向的重要關鍵。

回歸初心，持續經營著自己喜愛的事業，是所有春水堂夥伴，替客人奉上每一杯茶背後的幸福感源頭。謝謝《商業周刊》出版部和商周學院「大店長講堂」的邀請，有幸參與這一本最接地氣的服務業品牌管理專書，貢獻一己經營心得外，更衷心期盼能和更多大店長，在百年永續的夢想之路上一起前進。

〈作者序四〉

「會做」還要「會賣」

尤子彥

把紐西蘭奇異果打造成品牌賣到六十多國的Zespri，黃金奇異果的種植成本比綠色奇異果低，但金果市售價格卻高於綠果至少五〇%以上。為什麼這樣定價？消費者還都願意埋單？

答案是，「行銷」。

Zespri發現亞洲消費者喜歡口味偏甜的金果，觀念上認定維生素C含量較高的金果是好水果，於是從市場定位出發定價，而不是依循「成本加利潤等於定價」的製造業邏輯。黃金奇異果在有些國家甚至占八成獲利來源，Zespri卻管控生產數量以維持好身價，這是行銷背後的「品牌管理」。

承繼《大店長開講》——「店長必修十二學分，五十個開店Know Why」，以經營現場為教室，探討開店問題背後的問題，《大店長開講2》從策略高度出發，聚焦服務業品牌管理議題，藉由啟動品牌全方位思考，再次提升店鋪經營層次，期盼創造服務業最大化的附加價值。

深感品牌管理的重要性，來自多年來觀察台灣服務業，表面上百花齊放，品牌思考卻尚淺薄，開店常見一窩蜂、打帶跑式經營，因而自陷微利泥沼。爆紅店家時有所聞，但因缺乏相對應的經營深度，經營壽命普遍不長，少見走到品牌生命週期昇華階段，躋身亞洲服務業典範行列者，經營者普遍歸咎市場淺碟，亦恐存在倒果為因的迷思。

以餐飲市場為例，沿街的早餐店，菜單雷同型態相近，缺乏獨特賣點只能延長營業時間。即便是應引領顧客享受用餐愉悅情趣，主打體驗經濟的五星級飯店，竟也以ＣＰ值傲人競逐吃到飽商機，致使外場人員的好服務、內場大廚的好廚藝等無形價值，不再為上門顧客所珍視，步上拚規模的製造業後塵，即服務業擺脫不了血汗化命運的市場偏差現象之一。

這凸顯的困境是，表面上是服務業，但骨子裡複製的，卻是代工產業ＣＰ值掛帥，重視「會做」遠甚「會賣」的主導思維。加上社會上普遍存在價廉物美、薄利多銷的傳統製造業美德，輕忽溝通品牌論述重要性。不容諱言，錯置產業邏輯，是台灣僅少數服務業品牌能立足海外市場癥結，也是邁向軟實力大國的一大隱憂。

面對商品世界供過於求，服務業如今帶給消費者的，必須從有形的物質交易，提升到無形體驗和價值交換層次，開店始能賺取「管理財」、「品牌財」等穩定報酬，而不是只仰賴「勞務財」和短暫的「機會財」。

據此為出發點，本書概分三大部分，提出「品牌建立」、「品牌改造」，以及「品牌永續」的教戰守則與實戰案例，分別對應創立期、改造期和永續經營等，不同品牌生命週期階段。

協助本書內容完成的三位大店長，分別是資深廣告人出身，中年創業卻在競爭激烈的咖啡市場，異軍突起的cama café連鎖咖啡創辦人何炳霖。唯一曾操盤7-Eleven、全聯，台灣兩大最具指標通路品牌行銷，策畫過近千檔電視廣告企畫，有「行銷鬼才」之稱的全聯福利中心行銷部協理劉鴻徵。以及，近年來致力翻新手搖茶創始店品牌形象，以珍珠奶茶行銷台灣滋味，正進行國際化布局的春水堂發言人劉彥伶。三位服務業標竿品牌的幕後推手，亦皆為商周學院開辦的開店學習平台——「大店長講堂」人氣名師。

和奇異果一樣，這三個本土品牌重視行銷價值、投資品牌管理（Zespri行銷費用約占營業額六％至八％），讓普遍可見的商品，因注入獨特的形象和文化內容，跳脫殺價取勝的紅海市場，成為行業內的「夢想店」。特別是，本書所舉的手搖茶、咖啡和超市等業態，都是最貼近你我生活的服務業，搭配實戰解析，讀者們也能從日常觀察當中，進一步印證背後的品牌管理思維。

感謝三位共同作者以及歷屆「大店長講堂」講師群，不藏私的第一手分享，為台灣服務業貢獻心力。服務業是最在地化的「根經濟」（Deep Economy），如何以風土人文為底蘊，創意和人情味當資本，是台灣欲擴大生活產業縱深，另闢永續商機新徑的重要學習，也唯有發揮同行「相濟」共好精神，才能成就更多「夢想店」的誕生。

Part 1

品牌建立

看清楚自己，就能找到顧客

前言

cama café 建立品牌，一步到位

「總有一天，我要開一家自己的咖啡店！」是許多人心中的夢想，卻也是一個危險的夢想，除非，你能夠找到自己的獨特定位。

開咖啡店的危險在於，全台咖啡店超過萬家，商品可及性極高，光合計超過六千家的 7-Eleven 和全家便利店，便提供了二十四小時不打烊的現煮咖啡。若要喝貴一點的，有超過三百家的星巴克（Starbucks），以及近千家的個性咖啡店，任君挑選。想找便宜的，自動販賣機的罐裝冷藏飲料，銅板價就有。就算不出門，許多人也能在家煮出達人級水準的手沖咖啡。

咖啡市場供過於求嗎？從商品供給的數量看起來，或許是，但對消費者來說，就像打開衣櫃，永遠少一件稱頭的衣服一樣，總覺得少那麼一家更接近心中理想的咖啡店。咖啡老饕也從沒停止過，尋找一家不但能帶來味蕾驚喜，且人情味也濃的咖啡店。因為，人們需要的從來就不只是咖啡因，而是一杯「有溫度」的咖啡。

市場需求永遠在！問題是你拿什麼滿足而已。

cama café 創辦人何炳霖，典型上班族中年創業，二〇〇八年辭去跨國廣告集團客戶群總監工作，全心投入咖啡事業擁抱夢想，沒有餐飲專業背景的夫妻倆，一路從有機醋飲、簡餐咖啡店，土法煉鋼嘗試不同開店型態，最後才摸索出以白領上班族為目標消費族群，主打「外帶、小坪數、現烘咖啡」的專賣店型態。如今已成功發展為擁有百家連鎖店的知名品牌，不只單店坪效勝過星巴克，在東方快線網絡市調「連鎖咖啡調查」，更以高達近九成滿意比率，奪下滿意度冠軍，堪稱本土連鎖咖啡品牌的黑馬。

具備「品牌總監」和「品牌創辦人」雙重角色的何炳霖，是少數兼具顧問客觀思考，以及創業者實戰經驗，理論與實務並行的連鎖品牌經營者。對於建立品牌有深刻體會的他認為，找對定位，品牌建立就成功一半，而定位是一個由內而外的過程，先要能看清自己，以初心為起點，因為，你的志向決定你開店的方式。

回顧 cama café 的品牌建立過程，第一步並不是做市場調查，而是先自問，這個事業是不是你最喜歡、最擅長的，產品能不能感動自己？如果答案都是肯定的，創業之路遭遇的險阻和考驗，你才能視之為挑戰，而不是困難。其次，才是著手進行客觀的市場分析，定義目標消費族群，市場永遠存在尚未被滿足的空間，一定可以找到切入的縫隙，成為品牌的獨特定位。最後，再從行銷技術的戰術層次，運用五感營造吸引客人上門，並透過體驗活動創造品牌魅力，讓客戶牢牢黏住你，建立品牌的忠誠粉絲部隊。

此外，有別於傳統經濟學，由市場供需曲線決定商品價格，服務業品牌更重視創造情感需求，提供消費體驗等附加價值，重新定義商品價格。因此，如同7-Eleven的City Café，找來藝人桂綸鎂成為長期代言人，cama café十分重視品牌代言人的角色，專人專業設計造型可愛的cama baby，不但作為品牌商標，更打造成大型立體公仔，拉近品牌和顧客之間的距離，扮演跨界行銷時的主角，讓品牌有溫度地被消費者感知，也是其勝出咖啡市場的關鍵思考。

看清自己、找到客戶、創造品牌魅力，品牌建立沒有捷徑，但有路徑，cama café可以在完全競爭的咖啡市場，闖出一條品牌藍海，也代表著每一種業態，只要能找到獨特定位，都充滿著無窮盡等待發掘的市場機會。

教戰守則

建立品牌的起點：找出「獨特賣點」

01 市場定位

如果將市場比喻成一塊大蛋糕，市場定位（position）就是你最想吃的那一份，打算聚焦經營的主戰場。

每一個品牌都要有明確的「市場定位」，顧客才知道你是誰、能給他什麼利益。因此，市場定位是品牌在消費者心目中所占有的獨特位置，定位越清楚，越能帶給顧客鮮明的品牌印象。

例如，汽車市場有超跑、豪華、大眾等不同區隔，豪華車市場便是賓士 Mercedes-Benz、寶馬

BMW和凌志Lexus等品牌的主戰場，每個品牌又以獨特的價值主張和產品設計，強化獨特的市場定位和形象，同樣是德國高級車，賓士強調尊榮感，寶馬則主打駕馭性能。

品牌進行「市場定位」，有三件最重要的事，分別是找出你的「獨特賣點」、定義「目標消費族群」（Target），以及列出市場上的「競爭者」（Competitor）。其中，「獨特賣點」是品牌建立市場地位的起點。

品牌「獨特賣點」可以是產品製程的獨門技術，或者是原料配方，例如可口可樂迄今未公開的神祕配方，但從品牌戰略高度，更強調的是對顧客提出的價值主張，它必須是一個品牌或產品，能帶給顧客的具體好處或特殊功效，也是競爭對手目前所沒有，或無法提供的，並要能打動人心引發市場共鳴。

「獨特賣點」一旦確定下來，日後不管是在進行內、外部溝通和行銷傳播，就要大聲說出來，不斷反覆強調。

打造品牌如何選定「獨特賣點」，除取決於一家店擁有的經營本事，更重要的是，這個賣點也是目標消費族群真正在乎的。舉例來說，世界麵包冠軍吳寶春開的麵包店，贏得世界麵包大賽好手藝，固然可以成為賣點，但訴求龍眼乾、荔枝等有機原物料，強調用台灣在地食材製作出具國際水準的麵包，才是能讓生意維持長久的獨特賣點。

尋找品牌定位，如同一個人立定志向的必要性，建立「獨特賣點」、定義「目標消費族群」，「競爭對手」的輪廓才能更聚焦，並決定你開店的方式。

實戰

跟星巴克搶喝高品質咖啡的客人

想喝一杯好咖啡，滿街便利商店的現煮咖啡，品質普通；星巴克的咖啡品質好，但價格貴二倍以上，沒時間好好使用店內空間，匆匆外帶卻和內用的價格相同，更是不划算。「有平價消費，高品質的外帶咖啡嗎？」是很多咖啡族，沒說出口的需求。

這是二〇〇六年創立的cama café，在競爭激烈的咖啡市場，選擇切入的市場縫隙。

現場挑豆，把「講究新鮮」秀出來

cama café給人的第一印象，就和其他連鎖咖啡店明顯不同。

在點餐吧檯前方的，是傳出濃濃香氣的烘豆機，每一顆送進機器翻炒的咖啡生豆，都是門市夥伴一顆顆精心挑選過的。每一杯咖啡，從生豆、炒豆、磨豆、充填到打奶泡拉花，都在顧客面前完成。

捨棄由中央工廠統一烘焙、配送，降低作業複雜度的方式，採取現場烘焙，目的只有一個，就是為了呈現給顧客，高品質的新鮮好咖啡。而「新鮮」，正是走「外帶、小坪數、現烘咖啡」專賣店路線，店面僅十坪左右的cama café所強調的獨特賣點。

提出「外賣咖啡專賣店」的經營模式，cama café並不是第一家，追求高品質的咖啡，也是每一家咖啡店致力追求的，但cama café卻是唯一在門市現場展示挑豆過程的連鎖咖啡品牌。

但光有「優點」，未必就能成為一家店的獨特「賣點」，還要帶給顧客一場「基本功扎實的秀」，才能跳脫產品銷售層次，成功傳遞品牌價值。不只賣充滿情調的咖啡需要如此，就算是賣一條魚，也應該這樣思考。

到西雅圖，有兩個地方是觀光客必訪之處，一是星巴克旗艦店，另外便是派克市場（Pike Place Market）。

在派克市場，吸引每一位遊客目光的，就是魚販們唱作俱佳的賣魚奇觀，只見他們彼此極有默契的，一邊唱歌般喊著口號，一邊將手中的魚拋送到另一人手上，如此接續傳遞著，讓遊客沉浸在歡樂的氣氛中，興起也買一簍鮮魚回家的念頭，以附和整座市場散發出的熱情。

派克市場的賣魚秀之所以聲名遠播，在於不只別具創意，更是誠意十足。仔細觀察魚販的攤位，冰塊撐出高角度斜面，以接近立體的方式陳列魚貨，讓魚不是平躺著，而是鮮活跳躍般的被展示，魚販們則是穿著一致的橘色連身防水衣，展現出的專業紀律，不得不令人佩服。

因為是建立在扎實的作業流程上，「秀」便能帶給品牌不斷創造、翻轉，並持續更新價值的能量。但「秀」若表裡不一致，空有噱頭，時間一久，觀看的人都知道不是玩真的，反而成為品牌的重大缺陷。

鎖定上班族，不討好所有顧客

第一次踏進cama café，很多人不習慣。因為這家店不提供糖包和奶精球，店內提供的飲品品項，更不到其他連鎖咖啡品牌的一半。此外，店內只賣餅乾，不賣甜點、三明治，座位也不多，營業時間從上午七點半到晚上八點，比起其他咖啡館，足足短了三小時。

從顧客需求面來看，這不是一家能滿足所有人的咖啡店，晚上八點打烊，每天少賺一〇%營業額。但這樣的店平均一天卻能賣出五百杯咖啡，論賣場坪效，一點都不輸給星巴克。

致勝的關鍵在於，它一開始就沒打算討好所有人，只想專心把咖啡做好，賣給想喝高品質咖啡的上班族。晚上八點之後，上班族大多回家了，那些晚上會去其他咖啡廳或便利商店買咖啡，想獲得的也許是空間氣氛或攝取咖啡因提神的族群，並非cama café主客群。至於不提供糖包和奶精球，不是老闆小氣，而是希望能為環保盡一份心，盡量減少包裝的負擔，同時也希望鼓勵客人能多品嘗新鮮好咖啡的原味，亦和獨特主張有關。

市場本來就存在各種區隔，沒有人的生意可以包山包海滿足所有人，就看你要切入哪一塊市場，一點也貪心不得，尤其，進入分眾經濟時代，不討好所有顧客，才能被市場看見，也是許多老店的生存之道。

「呷二嘴」是一家位於台北市甘州街，夏天賣米苔目剉冰，冬天提供筒仔米糕等傳統點心的老店，店面不大，但名氣不小，更是舒國治等美食家，指名推薦的大稻埕人氣小吃店。

這家名店目前已傳承到第三代，從路邊攤轉到店面後，裝潢設計時，刻意將五、六十年前的馬路、人行道與街邊古厝老照片，透過大型輸出，全數搬入室內，創造出兼具懷舊與創新的獨特風格。

老店賣的，是前一代經營者傳承下來的風味，未必滿足所有人偏好，年輕的客層，可能覺得米苔目不如芒果冰來得新潮，但「呷二嘴」堅持遵循古法製作米苔目，維持不變的口感和風味，不只許多在地人從小吃到大，卻也成為老饕們不遠千里，一再上門光顧的原因。

後發品牌搶客源，挑星巴克旁展店

開店選址，除評估租金、人潮與商圈特性，也要從品牌的市場定位角度思考。

在品牌規畫階段，cama café 便已做好市場定位（見圖 1），以新鮮好咖啡當「獨特賣點」，上班族為「目標消費族群」，市場「競爭者」則設定為星巴克，原因除了星巴克是連鎖咖啡品牌龍頭，更重要的是，星巴克也是上班族心目中咖啡連鎖第一品牌，相較於其他咖啡通路或便利商店的咖啡，和 cama café 客源重疊的程度也最高。

身為市場後發品牌，cama café 的生存策略，就是要想辦法瓜分星巴克的客源。尤其，在缺乏行銷資源的創始階段，要讓去星巴克買咖啡的上班族注意到 cama café 這個新品牌，最快的方式，就是選在星巴克的附近開店。

於是，當第一家店站穩腳步之後，cama café 的第二家、第三家店，便刻意選在靠近星巴克附近，第三家店甚至只距離五十公尺。這個決定所帶來的效應是，每當星巴克舉辦「買一送一」活動，很多原本打算去星巴克的人，看到長長排隊

圖1 cama café 的市場定位

人龍，迫於時間便轉往 cama café 買咖啡，很多新客人因為這樣，開始接觸到 cama café 這個品牌，一試成主顧之後，逐漸成為 cama café 的常客、粉絲，也印證了一開始進行市場定位時，所做的假設是正確的。

關　於
「市場定位」

大店長

To be

「獨特賣點一旦確定下來，就要大聲說出來，不斷反覆強調！

&

Not to be

「不討好所有顧客，才能被市場看見。」

我的

To be

Not to be

教戰守則

一句話說出你的主張

02 品牌理念

品牌呈現的，往往是經營者內在價值主張的延伸。因此，建立新品牌前，必須要先認識自己。根據奧美整合傳播集團（Ogilvy & Mather）提出的「品牌光譜」，在形成一個新品牌之前，創辦者必須先回答以下五個問題：

一、我們有什麼資源和基礎？（What we are?）

二、我們做什麼產品及服務？（What we do?）

三、我們怎樣做？專業態度為何？（How we do it?）

四、我們是誰？人員的個性為何？（Who we are?）

五、為什麼我們這麼做？原因及目的？（Why we do it?）

五大問題，從盤點創業初期的有形資源、團隊組成、商業模式，確認經營風格、價值觀，到描繪願景和使命，對打造一家夢想店來說，每一道題目對應的答案，如同堆積木般，是品牌工程缺一不可的基礎結構；由此形成的品牌理念（Mind Identity），是打造品牌信仰以及創造品牌價值的出發點。

中部八卦山起家，品牌建立第三年起，就跨出台灣，陸續在新加坡、東京和上海展店的知名糕餅品牌「微熱山丘」，在思考「品牌光譜」順序時，一開始是創辦團隊先確認「我們是誰」、「為什麼我們這麼做」，提出反璞歸真的品牌主張；接著是團隊形成「我們怎麼做」的共識，以製作糕點專業提供顧客真實食材；最後是思考「我們做什麼產品及服務」，才選定以美味鳳梨酥作為商品，推出免費試吃的奉茶服務。

簡單來說，品牌理念便是一家店的「靈魂」，反映經營者的價值觀，以及企業追求的目標或社會價值，也是要植入到顧客心中的中心思想。為便於溝通，成為內部夥伴信奉的信條，或便於讓顧客認知，品牌理念盡可能要用簡明直白，易記易懂的話來描述。

以麥當勞為例，便是用分別代表「品質」（quality）、「服務」（service）、「清潔」（clean）、「價值」（value）的四個英文字母，Q、S、R、V，說明品牌理念。全球最大咖啡連鎖品牌星巴克，則是用提供顧客，「家和辦公室之外的第三個地方」，一句話扼要表達品牌理念。

「品牌理念」和「品牌符號」（Visual Identity）、「品牌行為」（Behavior Identity），三者共同形成企業識別系統（CIS, Corporate Identity System）（見圖2）。對品牌建立而言，「品牌理念」扮演的角色，就像是一個人的內涵，若缺乏內涵，打交道起來只見其表淺，必須要靠奇裝異服才能吸引大家注意，很難讓人有所期待。

圖 2 企業識別系統 CIS 構成

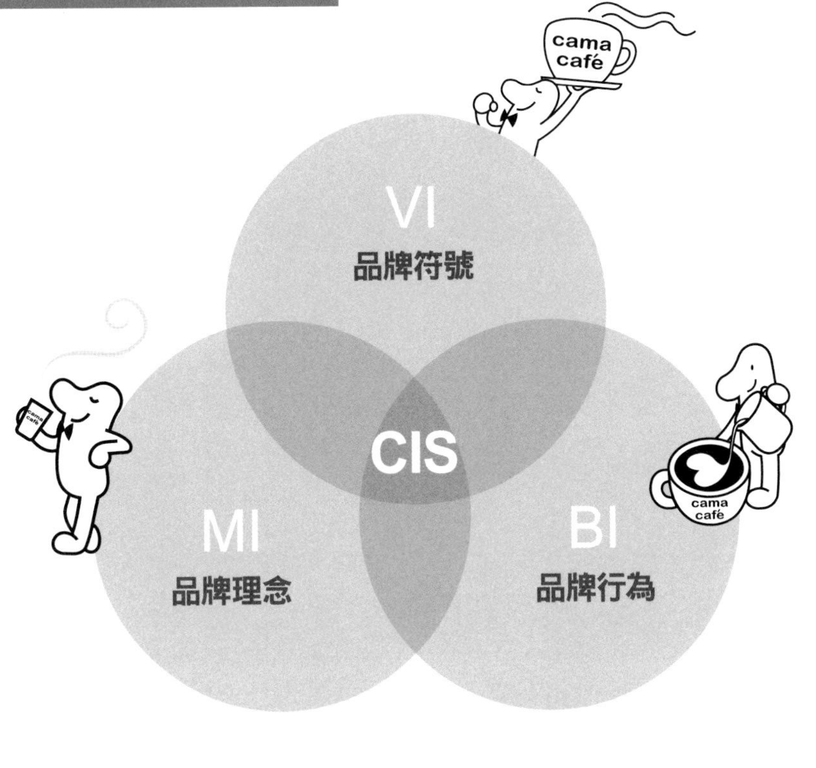

實戰

烘豆技術全都露，讓顧客看見：從一顆生豆到一杯好咖啡

從提供新鮮咖啡的獨特賣點出發，cama café進而提出「Bean to Cup!」——從一顆生豆到一杯好咖啡，明確的品牌理念。

相較於多數連鎖咖啡，中央工廠挑豆是用風管篩選小石子，根本挑不出壞的咖啡豆，cama café從源頭控管品質，每天每間門市平均耗費半個人力，用手工一顆顆挑出品質不佳的豆子，每批咖啡豆大約有三至五%是不合規格的報廢壞豆。

為把關連鎖店的每一杯咖啡品質一致，總部還建立內部杯測制度，每週請不同分店，將每天烘焙的咖啡豆留存樣本，由取得國際認證杯測師認證的專業人員到各店進行杯測，監控品質以確保風味。

烘豆流程全都露，發動業內變革

然而，創新遇到最大的困難，往往未必是好點子難尋，而是過去沒有人這麼做，或是不被認為可行。

過去，講究咖啡品質的咖啡館，都有自己的一套烘豆獨門祕技，不要說把烘豆機擺到外場，將烘焙過程全程給顧客看，就連讓外人進到後場看幾眼，也都深恐技術因此外流，尤其擔心被同業偷學走。

不只是咖啡館，很多提供技術服務的傳統店家，不管是餐廳、麵包店或美容美髮沙龍的經營者，都是抱持這樣心態，深恐技術一旦被學完後，員工就會自立門戶回頭打自己，留不住好人才，店家或大師傅因而普遍都有留一手的心態。如此一來，不但不利傳承，事實上技術也不會因為這樣，就永遠留在這家店。

「留一手」的盲點在於，傳統店家認知到的商業競爭，僅止於「產品」層次，而不是從「品牌」的高度思考競爭門檻。也因此，咖啡館很自然便視咖啡豆烘焙技術為最重要的賣點，反而忽略從顧客角度出發，評價一家店好壞時，同樣在乎的整體品牌體驗。

cama café 在設計店型之初，遭遇到的最大挑戰之一，就是把烘焙製程、炒豆技術，全公開在顧客和加盟主面前，還把生豆的烘焙過程寫成標準化作業流程（Standard Operation Procedure，以下簡稱SOP），不留一手和加盟主大方分享技術。此舉固然創新，卻違反連鎖加盟的行業常規，多數加盟總部採取供應半成品方式，將產品技術緊抓在手，防止加盟主學了一招半式後，為了省加盟授權金，終止後續合約或自立門戶。

面對行業內前輩的質疑，壓力確實很大，因為現場烘焙模式，牽涉到機器安裝與維護、現場的排煙問題，以及門市人員技術認證，並不被咖啡連鎖同業認為是理想的開店模式。不過，正如小米創辦人雷軍所說：「被恥笑的夢想才是真正的夢想」，也因cama café創辦人，並非出身餐飲業老手，沒有開過咖啡店的包袱，反而能跳脫既有行業框架，大膽驗證自己的開店主張。

換言之，cama café創辦人何炳霖思考開店，不只是「改行」，從廣告人轉業成為咖啡人，更進行咖啡館「行改」，發動行業內的創新改革！

只錄取願意親自站吧檯的加盟主

但有獨特理念不等於品牌就能成長，尤其要成為連鎖品牌，還需找到一群認同你的理念，價值觀相近的加盟夥伴，協助品牌進行擴張。cama café 花十年開一百家店當中，直營店只占十家，九成的店皆為加盟型態。

二〇一〇年，cama café 創業滿三年後，四家直營店的管理經營都上了軌道，才開始開放加盟。要求加盟來電超過上百通，但總部每年卻只接受二十位左右的加盟者，成為品牌的事業夥伴。加盟主通過申請的平均錄取率不到一〇%，但也因為嚴格把關加盟主的素質，期滿之後的解約率也不到五%，遠低於加盟業界動輒三、四成的解約率。重質不重量，是 cama café 相對其他咖啡連鎖系統，開店速度來得慢許多的主要原因。

如同房地產市場，存在「投資客」和「自住客」兩種購屋需求的買家，加盟市場也是如此，有些加盟主是抱著「投資客」心態，想找現在市場上正流行、能在最短時間回本的品牌加盟。但也有一群加盟主屬「自住客」型態，資金實力未必最好，開店動機則是想成家立業或變換職涯跑道，希望藉由加盟降低開店風險。

「投資客」型加盟主，在乎的是短期獲利，不利品牌長期發展。因此，對加盟總部來說，需要的是願意一起走遠、志同道合的「自住客」型加盟者。cama café認定的「自住客」型加盟主，得願意先接受為期兩個月的教育訓練，從頭學習包括挑豆、煮咖啡等所有開店流程，並允諾開店前半年要親自站在吧檯前，第一線服務客人。

除要求要親力親為，也會了解加盟主平常喝咖啡的習慣，對方是否真的喜歡咖啡。因為，不管是自創品牌或開加盟店，沒有一個生意可以保證賺錢，但經營者可以掌握的是，這個事業是不是自己最喜歡、最擅長的？產品能不能感動自己？如果答案都是肯定的，才可能找到持續走下去的動力，延續品牌理念。

事業夥伴的個性，決定品牌的命運

cama café在篩選加盟主時，會先經過說明會，以及後續個別面談等不同階段，不只評估加盟主候選人的財務風險承擔能力，也重視他過去是否曾有帶領團隊的管理經驗。除審核加盟主履歷，和招募內部員工一樣，總部也會以人力銀行提供的職能測驗量表，進一步評估對方人格特質，尤其重視同理關懷、負責承擔、溝通協調、抗壓適應和團隊精神等方面分數。

如此嚴選加盟主的原因，就在於品牌理念能否成功複製，加盟主扮演極為關鍵的角色，選對加盟主再開店，而不是貪快卡位市場，才不會因快速展店而導致店質不佳，影響開店成功率，在顧客心目中留下負面印象，正如前奇異總裁傑克・威爾許（Jack Welch）說的：「人對了，事情就對了！」

若用同心圓比喻品牌和顧客的關係，加盟主是總部最內圈的客戶，總部擁有較多的成功開店經驗，因此，總部有義務扮演加盟者開店保母的角色，包括店面尋找、人流分析和商圈評估等開店前的準備工作，都需和加盟主密切溝通並取得共識。因為，只有每家店的生意好，品牌的基礎才能日益穩固。

一個成功的加盟體系，對加盟主的評估必然是極為嚴格的。統一超商在篩選加盟主時，除經過多次面試，最後一關，總部人員還會進行家庭訪視，趁機觀察家中廁所的乾淨程度，決定是否錄取。

關　於
「品牌理念」

大店長

To be

「跳脫既有的行業框架，大膽驗證自己的開店主張。」

&

Not to be

「大師兄總是『留一手』的店家，只停留在產品思維，不具品牌高度。」

我的

To be

Not to be

教戰守則

化理念為圖像，建立品牌記憶點

03 品牌符號

走在國外街道上，沿街五顏六色的店家招牌，就算你懂得這個國家的文字，但最先辨認出來的，總是麥當勞、星巴克等跨國品牌的熟悉商標。

為什麼圖像特別容易讓人產生印象？

認知心理學家曾進行一個關於記憶的實驗，找來五名大學生，要求他們同時記憶一千個單詞、一千張普通圖片，和一千張有生動情節的圖片，例如「兔」這個單詞，「一隻兔子」的普通圖片，和「正在啃紅蘿蔔的兔子」的生動情節圖片。兩天後，這五位大學生再回到實驗室，讓他們觀看五千張字卡或圖卡，其中夾雜兩天前已看過的那三千張，要求他們辨識出哪些圖片是曾經看過的。

結果發現，五名大學生平均記住的生動圖片為八百八十張，普通圖片為七百七十張，單詞為六百一十五個，這個實驗說明情節生動的圖片最容易被記憶，心理學上把這種現象稱作「圖優效應」（Picture Superiority Effect）。

以符號或商標 logo 呈現的企業識別系統，經常出現在我們生活周遭，除傳達個別品牌的理念，也和其他品牌做出區隔。因此，品牌建立初期，如何將理念化為符號，成為顧客心目中鮮明的記憶點，重要性不言可喻，就連蘋果創辦人賈伯斯（Steve Jobe），也是這樣思考品牌。

蘋果電腦公司剛成立時，賈伯斯孤注一擲的「蘋果二號」新機上市前夕，他登門拜訪矽谷公關教父麥肯納（Regis McKenna），請求當時以賽車和賭博籌碼圖像，設計一系列形象廣告，讓晶片大廠英特爾（Intel）知名度大增的這個團隊，替蘋果設計識別商標。負責設計新商標的設計總監，以蘋果圖形設計出兩種版本，一種是完整的一顆蘋果，另一種則是被咬一口的蘋果，第一種看起來似乎很像櫻桃，賈伯斯於是選定被咬了一口的蘋果。

至於商標色彩，賈伯斯則是挑選，由六條彩色線條組成的蘋果圖案，雖然這麼一來印刷費用將增加許多，但賈伯斯一點都不在意。儘管蘋果商標的色彩，後來經過多次調整，一度改成藍、紅、灰等色，二〇〇七年之後，則是採用金屬銀灰色，但這個蘋果被咬一口的視覺圖像，如今不只為跨越語言的全世界消費者廣為認知，對蘋果鐵粉來說，這個商標更彷彿充滿著宗教性的召喚力量呢！

實戰

專人專業操刀，cama baby 從商標變身品牌大使

很多店家，創業時都是先取店名，再依店名涵義，發展圖像或識別系統。cama café 恰好相反，由於深知圖像對品牌認知的重要性，因此，當確定市場定位、品牌理念，便開始思考品牌的圖像設計，之後才思考品牌名稱。

在設計品牌符號之初，創意團隊也想過各種圖像，像是貨車載滿咖啡豆象徵即時新鮮，或泡澡的咖啡豆等，經過幾番腦力激盪，最後才決議以讓上班族看了覺得超療癒、造型渾圓柔和，可愛卻又不幼稚，

並帶點都會感的「cama baby」，成為品牌虛擬代言人。

擬人化咖啡豆，上班族看了超療癒

cama baby的圖像設計概念，主要是以擬人化的咖啡豆，加上托盤上冒著熱煙的咖啡，表達外賣外送市場定位，以及新鮮好咖啡的品牌理念（見圖3）。在細節上，則運用微笑、小跑步動作，強調親和力與快速的服務風格。此外，刻意放大的鼻子，表達對嗅覺與味覺的追求；領口打上的黑色小領結，則凸顯堅持專業的品牌主張。

這類以符號或商標logo，建立企業識別的例子，經常出現在我們生活周遭，除傳達個別品牌理念，也可以和其他品牌做出區隔，甚至就連一個國家的形象，都能透過簡單的圖像呈現。

在加拿大，「楓葉」所代表的意象即被廣泛運用，不只出現在T恤、帽子、楓糖漿或布娃娃玩偶等，各式各樣紀念品上，該國國旗主視覺是楓葉、國籍航空

圖 3 cama café 視覺符號

的商標也是楓葉，就連形同綠卡的該國永久居民證，也稱為「楓葉卡」，楓葉圖案不只代表當地豐富的自然資源，以及人民對大自然的喜愛，儼然也是建立認同感的象徵性符號，更成為全世界觀光客對加拿大這個國家的記憶點。

就品牌行銷角度而言，加拿大廣泛運用楓葉圖像，如同一個成功的企業品牌，藉由展示其識別系統，讓人在最短時間，不只被鮮明圖像所吸引，更留下深刻的印象。

但並非只要設計一個logo，就可以成就品牌。品牌就像一個人，視覺識別只是每個人不同的外貌和名字，還要和「品牌理念」、「品牌行為」相輔相成，形成獨特的品牌風格，才能建立真正的差異與區隔。

這也是為什麼，當我們看到一流品牌的logo時，就會聯想到logo背後的品牌理念與意涵。例如看到「可口可樂」，立即讓人聯想到歡樂時光。又如德國賓士汽車，閃閃發亮的三叉星標誌，通過百年來的考驗，不只代表汽車界中首屈一指的品牌，更代表德國人對產品品質堅持的民族性格。

從加拿大的楓葉、可口可樂到賓士汽車等例子，一再說明，透過簡單符號，最能向全世界傳達背後所代表的個性和價值。而當一切品牌的歷史、文化、意義和內涵，均能收斂在一個符號當中，精準傳達著品牌理念時，日積月累形成的，將不只是品牌能見度，而是日益厚實的品牌資產。

借重視覺創意讓圖像活起來

品牌圖像的設計表現，不只牽涉到企業理念，還要讓廣大的消費群眾，一眼就能辨識出這家店的特色和訴求，並兼顧美感與好感。要傳達和溝通的訊息很多，但要越簡單越好，並非易事，因此，非常需要專業的視覺創意人員協助完成。

cama café 在構思 cama baby 時，便是請來廣告公司的視覺總監專業操刀。這樣還不夠，創業第四年，發展到十家店規模時，總部更成立視覺創意部門，由正職的專業人員，主導整個品牌視覺風格呈現，規畫一系列包括從杯套到室內陳設的圖像、文字、基本色和吉祥物等，所有與品牌符號相關的行銷表現，做好品牌識別系統管理。

有了專業的視覺總監加入總部團隊，cama baby 也從原本單調的商標圖案，變身為具備不同可愛表情和活潑動作的擬人化角色，例如正在進行手沖咖啡動作的吧檯達人，或出現在配合端午節推出的龍舟貼圖上，也是官網上，最吸睛的品牌大使。

不只如此，總部視覺總監更將cama baby從2D的平面圖像，發展為3D立體化公仔。一隻公仔還不夠，還繼續設計了「cama×好朋友與壞傢伙們」，一系列取名為「象大」（象豆）、「英菌」（發霉豆）、「芙妹」（浮豆）、「貝弟」（貝殼豆）、「圓圓」（圓豆）、「阿逃」（酸豆）、「阿雖」（裂豆）、「西西」（蟲蛀豆）等，cama baby家族的新角色，並透過生動有趣的插畫形式及故事，介紹咖啡豆在生長及製程中產生的良豆、劣豆等許多樣貌，加深顧客對cama café用心挑豆、重視品質的專業印象，藉以強化粉絲對品牌的認同感。

要有保護品牌意識，商標專利務必註冊

品牌管理的前提，是要有保護「品牌」的意識，但法律保護的其實是「商

標」，而不是「品牌」，很多第一次開店的創業者，常常分不清楚兩者的差別。

「品牌」是一組用來識別商品或服務的名稱、符號或圖案，但並非標準的法律概念。至於「商標」則是商品、服務或企業的特定標誌，商標經註冊登記之後，便具有專利，受到法律保護，可說是和「品牌」同義的法律名詞。

要注意的是，並非所有的品牌名都能當成商標名稱，依經濟部智慧財產局「商標識別性審查基準」，例如地理名稱或「正宗」、「極品」等形容詞都無法註冊成為商標。若忽視這些基本法律素養，都可能為品牌成長埋下日後風險。

另外，商標註冊也攸關品牌海外布局的成敗。台灣消費者相當熟悉的「五十嵐」手搖茶飲連鎖品牌，就是因為在中國大陸的商標，遭人早一步註冊，總部赴對岸展店時，便無法再沿用在台灣的「五十嵐」商標。

因此，品牌建立初期，一定要先做好國內外商標註冊，清查是否重複既有商標等自我保護的動作，否則就算開店爆紅，或成為一時排隊夯店，若發生如「五十嵐」的情形，不但無法以原商標進軍其他市場，面臨開店多年付出的心血，被有心人收割的下場；也恐會因誤踩別人早已註冊的商標，成為被指控侵權的對象。

以 cama café 來說，包括品牌的中英文名稱、cama baby 平面圖像和立體公仔等，甚至後續衍生的一系列公仔、新商品包裝，都必須各別進行商標註冊。不含已預先做好商標註冊準備的海外地區，光是在經濟部智財局註冊的項目，至少就超過六十餘種。

在台灣，商標權有其期限，每十年都要進行展延並繳交行政規費，雖說也是一筆不小的開銷，但卻是品牌管理的重要起點。

關　　於
「品牌符號」

大店長

To be

「先思考品牌的視覺圖像設計，再決定品牌名稱也不遲。」

&

Not to be

「法律保護的是商標，而不是品牌，並非所有品牌名稱都能當成商標註冊。」

我的

To be

Not to be

教戰守則

將理念落實成SOP，讓員工和顧客都有感

04
品牌行為

一家店的標準化作業流程，涉及三個層面，商品品質的SOP、門市陳列的SOP，以及人的SOP。

SOP有兩層意義，一個是眾所皆知的「標準化作業流程」，另一個則是「風格展現」（Style Of Performance）。先要有「標準化作業流程」，才能精準呈現出一家店的風格主張。

其中，人的SOP指的是，能否提供每位上門的顧客，同樣優質且具好感的服務，不同品牌因為內涵理念不同，所展現的服務風格也大不相同。服務業的

品牌價值，即來自每一位顧客接觸到這家店之後，產生的第一印象，以及所延伸的口碑效應。

就建立品牌識別來說，人的SOP有兩種，除展現在對應消費者的好服務，也包括建立組織內部的共同行為，兩種SOP的制定基礎，都是為了落實品牌理念，統稱為「品牌行為」。

簡單來說，品牌如果是一個人，「品牌行為」就是這個人外顯的興趣和嗜好，品牌選擇用怎樣的方式和夥伴、顧客互動，便說明了這是一個怎樣的品牌。

深受許多消費者喜愛，全球最大的風格用品連鎖品牌無印良品MUJI，感性形象背後，就有著比一般通路品牌更為繁雜的SOP。

光是收錄門市銷售和服務SOP的《Mujigram》（無印良品員工使用的業務手冊），就超過兩千頁，涵蓋賣場設計、危機管理、收銀業務和商品配送等，共十二大類。例如，門市模特兒穿搭的SOP，即規定用色不能超過三種，如此一來，不管什麼季節，即便是新進員工，都能精準執行商品陳列工作，並在全球十六個國家、超過四百家的任一家分店，複製一致的品牌風格。

至於，無印良品關於組織內部SOP的《業務標準書》，更多達六千六百多頁，包括宣傳促銷、資訊管理、店面開發、網站維護到海外事業，都有明確規範，就連同仁之間只能互稱「先生」、「小姐」，遇到同事打招呼要露出七分微笑，也列為規定，目的在培養相互敬重、彼此信賴的組織文化。

將從品牌理念發展出的各種工作流程，鉅細靡遺寫成具體的SOP，除讓品牌理念不會因不同人執行，而有所異，更重要的是，當有了「標準」，也才能談改善和管理。

實戰

吧檯手通過認證 做出好咖啡、好服務

有了cama baby圖像，清楚描繪這家外帶咖啡店的品牌個性之後，接下來，則是敲定以「cama」為店名。「cama」取英文「逗號」（comma）諧音，有上班族藉著喝咖啡喘口氣，享受片刻美好時光之意。

至於，將comma五個英文字母簡化為cama四個字母，則是為了對應品牌行為，如同房仲業的「信義房屋」，從品牌名稱開始，就和顧客溝通，所欲追求的誠信服務品牌行為。

從總部到加盟店 齊推認證系統

什麼是一杯「好咖啡」？並不容易界定，行家偏好的口感，對剛接觸咖啡的人來說，可能難以入口。喝慣三合一調味咖啡的人，未必理解手沖咖啡為什麼賣那麼貴。除非參加遊戲規則明確的咖啡大賽，否則，很難能用較客觀標準，評斷一杯咖啡的好壞。

至於，什麼是「好服務」，又更難界定了。過於熱情主動的服務，可能會嚇壞生性害羞的顧客；太有禮貌跪著等客人點菜，又令人感到不自在；外帶店就是速度要快，尖峰時間吧檯人員還和客人從天氣聊到八卦，雖親和力十足，但顯然是壞服務。

cama café 定位在提供上班族「高品質」咖啡，品牌理念強調「專業」、「新鮮」、具「親和力」。但不管是「高品質」或「親和力」，都是難以量化的形容詞，唯有將抽象的品牌理念，透過明確定義的SOP，清楚傳達給企業內部所有夥伴，形成從內部管理到門市服務，全員共識一致的品牌行為，顧客才會有感。

因此，c、a、m、a 四個字母，從名詞轉變為動詞，所表達的行為便是：「carefully graded」精心手選、「a-ranked brewing」頂級技術、「mellow roasting」新鮮烘焙，以及「anytime delivery」隨時享受（見圖4）。

這四件事，不只是cama café品牌理念的延伸，也是對夥伴和顧客宣誓的品牌行為。落實在總部，是追求咖啡專業的嚴謹態度，包括從品牌創辦人取得「杯測師」的專業認證，到推動加盟夥伴的四大專業認證。

一位合格的「杯測師」，除負責定義咖啡豆等級和價格，也扮演顧客味蕾的守門人角色，他需具備極佳的視覺、嗅覺和味覺，挑豆才能快又準。還要以盲測方式，辨識多達三十六種以上的香氣。舌間則要有能分辨出各種強度不同的酸、鹹、甜的本事。

cama café在突破百家門市之前，總部就有包含創辦人何炳霖等共六位，取得美國精品咖啡協會（Specialty Coffee Association of America，SCAA）認證資格的杯測師，是穩定咖啡品質的幕後推手。

除總部有認證的杯測師，現場實際調製出每一杯咖啡的吧檯手，更要在展店之前，通過咖啡知識、拉花、烘豆和填壓等，四大內部認證。第一屆台北咖啡拉花大賽的冠軍得主，便是來自cama café台北敦南店的夥伴，以專業實力為後盾，正是一家咖啡店，和其他店分出高下的魅力所在。

圖 4 c、a、m、a 四字所要表達的行為

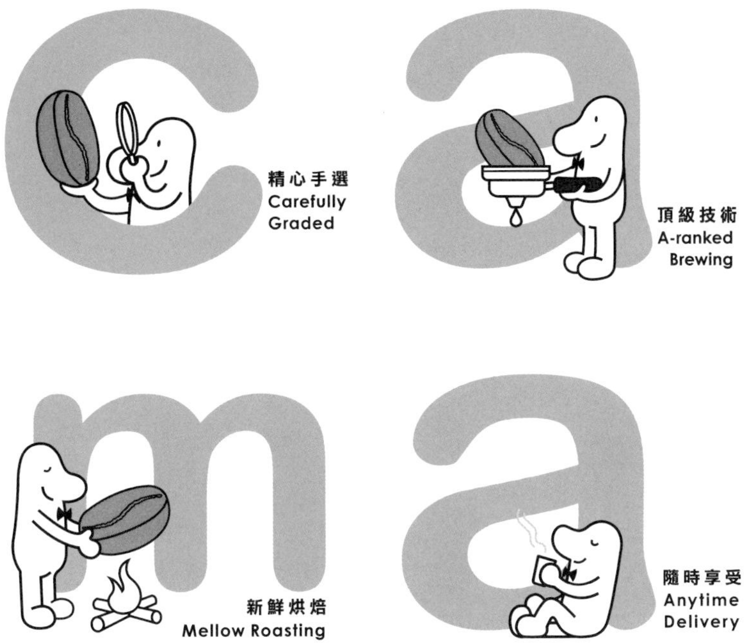

每杯拿鐵都拉花，讓顧客感受用心

現場挑豆，是每家cama café門市每天都要做的基本工作，也是顧客走進店內，第一眼就能辨識出的品牌行為。

由於以麻袋裝的進口生豆屬農產原物料，不經意會混入碎石子等雜質，或因為咖啡豆的成長過程或處理過程導致發霉、破碎或蟲蛀的瑕疵豆，都會影響人體健康，因此，想呈現一杯好咖啡，如果沒有在源頭就篩選出新鮮好豆，縱使有再好的機器、沖煮咖啡的技巧，巧婦也難為無米之炊。

現場烘焙，同樣也是cama café有別於其他連鎖咖啡店的品牌行為。必須現場現烘的理由在於，咖啡生豆經過烘焙後的二到七天，味道和香氣會達到頂點，之後口感風味便開始走下坡。因此，cama café的門市SOP，除規範所使用的咖啡豆，皆是在門市現場進行烘焙的；每家店咖啡豆保存期限，最長也不得超過七天。店內備用的熟成豆數量，則控制在五天內，並只販售一個月內的新鮮袋裝咖啡豆，確保咖啡是在香氣最飽滿的狀態下，傳遞到每位顧客舌尖上。

還有，如果沒有掀開杯蓋，很多顧客可能不會知道，每杯cama café的拿鐵咖啡，不管現場外帶或外送，一定都要拉花，這不光只是為了拉花好看，更難的是cama café要求每一杯拿鐵奶泡必須像絲綢般的綿密、光亮，而技術到此程度的奶泡，再加上最後成形的拉花視覺，更是一位吧檯手要給客人這杯拿鐵的尊重。雖然只是中價位咖啡，但品質仍舊馬虎不得，不只攸關一杯好咖啡的口感，也是一個讓顧客有感的品牌行為。

連騎腳踏車外送都有SOP

cama café主客群鎖定分秒必爭的上班族，上班前後和午休時段，是買咖啡的尖峰時間，為兼顧高品質和效率，避免讓客人久候，吧檯人員的動作必須又快又準。

加盟主展店前訓練時的受測標準，是得在六分鐘之內，完成三杯帶拉花的高品質拿鐵。通不過這項考核，就算一家新店內部裝潢、設備都準備好了，總部也不會准許加盟店，在人員還沒準備好的情況下，就貿然開幕。

正是這樣的堅持，才能維持各店品質一致，並再次考驗，總部和加盟主雙方關係，是否建立在志同道合的夥伴關係之上。

基於主客群是上班族，cama café 提供一定訂購金額以上的外送服務，但依據總部的外送業務SOP，訂單範圍必須是外送人員騎腳踏車，十分鐘之內可抵達的地點，避免運送時間過長，咖啡因為溫度變化，失去新鮮原味與香氣。

除組織內部和上門的顧客，品牌行為對應的對象，也可能是和品牌毫無關聯的路人。

cama café 門市服務SOP手冊規範，外送時人員必須著好圍裙，不得抽菸或做出有損品牌形象的行為。雨天勿單手騎車，須統一穿著兩件式雨衣。還有，騎腳踏車外送時，應優先禮讓行人，不得急促按鈴，以展現親和友善的品牌風格。

關　於
「品牌行為」

大店長

To be

「用SOP，自我定義一家店的好服務」

&

Not to be

「風格店不等於員工就不需要一致化的品牌行爲」

我的

To be

Not to be

教戰守則

創造品牌代言人，和顧客互動

05
品牌代言

許多企業選擇以「可愛」造型的吉祥物，代言企業、品牌或產品，藉由精心創作出來的可愛代言人，成為消費者與企業之間的溝通橋梁。

除吉祥物外，找藝人或名人代言，也是溝通品牌理念的有效方式，效果甚至比吉祥物更立竿見影。只是藝人事業起伏難以掌握，不一定能一直紅下去，萬一有緋聞或負面新聞，恐為品牌帶來不可控的風險。吉祥物則沒有這些問題，況且，可愛圖像總是比較容易吸引大家注意力，發揮老少通吃的魅力。

品牌代言角色的必要，在於人們並不想和抽象的「品牌理念」互動，只有透過具差異化形象的代言角色，吸引消費大眾注意，以聯想方式融入生活當中，品牌才能有溫度地被消費者感知。

台灣早期最成功的可愛代言人，非「大同寶寶」莫屬，是四、五年級公仔迷的最愛，還有休閒食品的老字號「乖乖」，兩者更有搭配廣告的歌曲，許多人都還能哼上兩句，成功建立可愛代言人的高知名度與認知度。近期曝光度較高的可愛代言人，除 cama baby 外，還有 7-Eleven 的「OPEN 小將」、爭鮮連鎖餐廳的「壽司公仔」，和全聯的「福利熊」等。

如同以擬人化咖啡豆加上大大鼻子，表達對美味咖啡追求的 cama baby，可愛代言人的設計思考，除發揮可愛魅力，最重要的是，如何將企業理念和形象，以最沒距離的形式傳達給消費者。

例如來自外星球，具有魔法的外星狗「OPEN 小將」，便是以頭上的彩虹，與 7-Eleven 的企業識別系統相連結，並藉 OPEN 的命名，強調二十四小時服務的企業理念。爭鮮「壽司公仔」則以生魚片的食材造型，強化迴轉壽司的美味印象。「福利熊」頭上隨時戴著購物袋，提醒消費大眾，聰明購物的全聯品牌主張。

然而，要真正勝任完美的品牌代言角色，光靠圖像設計的創意執行還不夠，終極目標是要塑造一個擁有清楚性格特徵，活靈活現跟消費者生活在一起的虛擬人物，如同許多人從小就十分熟悉的「麥當勞叔叔」，不但舉手投足呼應品牌價值、反映企業精神，更因肩負品牌公益大使任務，成為不只對應目標消費群，而是和所有公眾溝通，提升整體企業形象的重要推手。

實戰

讓 cama baby 寫信給熊本熊

cama café 因為是以外賣為主，店面不大，但鮮黃色的識別色系，尤其是門口真人大小比例的 cama baby 公仔，很容易吸引路人的目光，很多原本不熟悉這個品牌的路人，是先注意到 cama baby 的生動圖像，才抬頭看招牌上代表店名的四個英文字母。

尤其，對還不認識字，但圖像認知能力極佳的小孩子們，cama baby 公仔特別具吸引力。曾經就有店家親眼目睹一位約六歲的小女孩，左顧右盼確認當下無人後，飛快地輕吻了門口的 cama baby 公仔。也吸引藝人彭于晏等名人，合照打卡上傳個人臉書，形同替品牌做了免費的宣傳。

cama baby 化身3D公仔，成為品牌記憶點

外帶咖啡專賣店，只能外帶「咖啡」嗎？有沒有可能，把整家咖啡店都打包帶走呢？

這個超瘋狂的點子，是二〇一五年四月，cama café 和賓士汽車集團旗下的小型車品牌 Smart，聯手發想的跨品牌行銷活動。

兩個跨界品牌，合力將一部最新上市的雙座小車，改裝成裝著輪子的行動咖啡吧檯，咖啡豆從車頂上方的咖啡豆槽倒入，發動引擎原地踩下油門，瞬間用咖啡豆做燃料的車子，不但開始晃動，更從四周冒出一股蒸氣，不一會兒，新鮮現煮的咖啡，便從車尾的咖啡烹煮機，緩緩地流出來，將熱騰騰的咖啡送給大家品嘗之後，品牌代言公仔 cama baby 隨即跳上駕駛座，火速前往下一站外送咖啡（見圖5）。

圖5 cama café 和 smart 跨品牌體驗行銷活動

這樣的行動咖啡車，停在街頭煮咖啡，吸引許多路人圍觀，車子能變身為現煮咖啡機，實在太酷了！只是，大家越看越懷疑，引擎真的可以拿來煮咖啡嗎？

其實，這是一個以幽默、創意的手法，刻意在愚人節企畫的事件行銷，另一方面，cama café 也透過和賓士 Smart 的異業合作，搶進都會用車的新客群，除加深顧客心目中對於 cama café 外賣外送的市場定位，並以擬人化方式，強化 cama baby 的品牌大使地位，放大品牌認同效果。

熟悉 cama café 的顧客都知道，「他」不只是一個品牌識別的平面圖像。每家 cama café 前，都可以看到真人大小的「他」，坐在店門口沉思品嘗好咖啡。經常走入人群的「他」，不只扮演過咖啡外送員，更愛三不五時變裝，不是穿上 Lee 牛仔褲、披上貓熊裝，就是變身聖誕老公公，可愛指數破表。

除此之外，隨品牌知名度越來越高，「他」也經常受邀成為公益活動最佳代言人。例如，為支持《美麗佳人》雜誌，宣導乳癌防治舉辦的公益路跑活動，cama baby 便在全台百家門市前，穿起粉紅蓬蓬裙，一起替活動宣傳造勢，善盡品牌的企業社會責任。

從一系列 cama baby 品牌行銷活動可以發現，當品牌圖像不再只是平面製作物，而是如同麥當勞叔叔、肯德基爺爺，成為3D的立體化公仔之後，除可以延伸為體驗行銷活動的吉祥物，有助匯聚人氣，對顧客來說，更形成具象的品牌記憶點。

效法超萌「熊本熊」，傳達品牌個性

然而，隨品牌公仔越來越多，cama baby 作為品牌代言人，光靠立體化呈現可愛與獨特性，還不夠形成有強烈印象的記憶點。就品牌管理角度，終極目標是要將這個虛擬的「他」，塑造成一個擁有清楚的性格特徵、活靈活現地跟消費者生活在一起的角色，且在不同場合甚至日常生活當中，舉手投足都可以呼應品牌價值、反映企業精神，並提升整體企業形象，才能稱得上是稱職的代言公仔。

在形塑 cama baby 公仔的角色個性時，cama café 所仿效的學習對象，正是日本超人氣吉祥物——熊本熊。

熊本熊（日語：くまモン，英語：Kumamon），是日本九州熊本縣政府於二〇一〇年，邀請當地出身的作家小山薰堂及設計師水野學設計的地區吉祥物，目的是為帶動九州這個城市品牌的旅遊經濟。

推出不到三年，熊本熊在全日本吉祥物中的知名度，已經衝上第一名。圓圓胖胖的黝黑身軀，可愛、逗趣的紅色腮紅，與充滿喜感的笑臉和眼神，在許多粉絲心目中，受歡迎的程度甚至超過 Hello Kitty、米老鼠等國際卡通人物巨星，還曾經在日本天皇及皇后面前表演「熊本熊體操」。帶動的實質經濟效益，光是促進當地旅遊服務業收益成長，便超過千億日圓，這還不包括與ＢＭＷ集團旗下的 Mini 品牌，合作推出 Mini 熊本熊車款等，相關周邊商品的銷售金額。

熊本熊的正式身分，是日本熊本縣營業部長兼任幸福部長，除負責宣傳在地物產、觀光景點之外，還要扮演政策溝通的角色。在熊本縣政府裡，熊本熊有自己的營業部長辦公室，好奇心強的「他」，有自己的部落格、推特和臉書帳號，每天更新動態並和粉絲們互動。喜歡交朋友的他，每年過年至少會收到六千張賀卡，可想而知多麼受到粉絲們愛戴，他尤其懂得利用議題和事件，為自己不斷創造話題。

例如，熊本縣初期為推廣觀光，決定向大阪地區民眾拉客，熊本熊印了一萬張名片前往大阪向路人發送，引發民眾好奇後，熊本縣政府竟召開「熊不見了」記者會，宣稱熊本熊因討厭在大街上發名片，加上大阪太好玩，逃跑失蹤了，呼籲當地民眾協尋，立刻炒熱在大阪的知名度，展現熊本縣政府高明的城市行銷功力。

二〇一三年，熊本熊再度以招牌腮紅不見了為行銷主題，原來貪吃的他因為太愛吃番茄、馬肉和鯛魚等熊本縣特產，吃到腮紅都掉下來，也因太貪吃，縣府主管認為他應該執行減肥計畫，但結局卻是減肥失敗慘遭降級，身材改善不力的熊本熊只好寄情工作，努力推廣熊本縣觀光，終於又恢復部長職務。

從交朋友、發名片、減肥，到職場遭遇……一次次的行銷運作，把熊本熊和人性的共通性彰顯出來，讓消費者感覺這個虛擬角色彷彿真的跟人們生活在一起，是造就超高人氣的背後關鍵。

看來，cama baby 應該考慮寫封信，寄到日本給熊本熊，交個國外的新朋友。

關　於
「品牌代言」

大店長

To be

「將企業吉祥物，也當成企業內的一分子看待。」

&

Not to be

「少說教，人們並不想和抽象的『品牌理念』互動。」

我的

To be

Not to be

教戰守則

用五感喚醒消費者的內在記憶

06 五感體驗

如果以「顏色」來呈現你的店，會是什麼顏色？
如果以「聲音」來呈現你的店，會是什樣聲音？
如果以「氣味」來呈現你的店，會是什麼氣味？
如果以「觸感」來呈現你的店，會是什麼觸感？
如果以「味道」來呈現你的店，會是什麼味道？
以上五種感官體驗（sense）的總和，便是一家店帶給顧客的獨一無二品牌經驗。一個成功的服務業品牌，絕對是美好體驗的提供者。

要將品牌理念滲透到消費者心裡，往往聽到只是知道，看到方有記憶，唯有進一步邀請消費者共同參與，透過觸覺、嗅覺和味覺等感官途徑，形成全面性的五感體驗，品牌認知才能深植人心，才有機會讓顧客對品牌產生獨特情感，進而思考商品與自身關聯性，引起內在共鳴激發購買慾望。

五感之所以容易打動人心，是因為在接觸品牌的過程中，每個「感官接觸點」，都會喚起消費者的內在記憶。例如，拋光的金屬色調，讓人聯想科技產品的高效率。一段探戈背景音樂，讓人想起阿根廷舞蹈的熱情。感官接觸點越多，喚起的記憶越多，消費者和品牌之間的共感、共鳴關係也就越深。

每一種服務業，都可以設計和顧客互動的感官接觸點，來打造五感體驗，定義品牌的獨特風格。

當民宿主人提供的早餐，是親手耕作的有機生菜，剛從雞舍撿回來的新鮮雞蛋，賣的就不只是房間，而是山居歲月的生活嚮往，這樣的風格商機，甚至能驅動像 Airbnb 全球最大訂房網的新商機。而當司機分享的，是他為什麼兼職開車的獨一無二的個人故事，計程車就不再只是運輸業，而是交換人生經驗的分享商機，uber 便提供這樣的叫車服務。

美國哥倫比亞大學行銷學教授史密特（Bernd Schmitt）在九〇年代率先提出

體驗行銷，依據其主張運用的「策略體驗模組」理論五大構面，體驗式行銷的最大威力在於，表面上販售的是一杯咖啡或一張沙發等有形商品，但透過情境塑造的感官體驗，引發顧客溫暖或愉悅的心裡感受「feel」，啟動有意識的價值選擇和認知思考「think」之後，產生重複的購買或使用行為「act」，從而創造產生個人和群體間的認同與關聯「relate」，品牌便因此被賦予特殊的價值感。

唯有從五感「體驗」出發，重視「美學」元素，豐富品牌的「幸福感」，商品才有可能不再被以CP值評斷，遠離紅海市場的價格競爭。

實戰

外帶咖啡店以退為進營造五感氛圍

來自北歐的瑞典家具品牌IKEA，是體驗行銷的箇中翹楚。

翻開IKEA的商品目錄，不會看到家具排排站，而是充滿提示人們「生活可以這樣過」的居家情境照片。在賣場各角落，更是呈現精心陳設的生活空間，大方邀請顧客實際體驗，讓人彷彿置身在主人精心布置的家裡一般，就算有人躺在沙發上不小心睡著了，也不會有人高聲制止。

此外，IKEA在賣場出口處，還提供自助式餐檯和點心吧，邀請消費者進一步透過食物，認識北歐式生活。也就是說，當人們逛完這樣一家店時，視覺、聽覺、觸覺、嗅覺和味覺等五感，同時都被滿足了。

IKEA賣場動輒千坪，可以放入各種五感的設計，但cama café門市只有十坪，空間是IKEA的百分之一，如何完美營造五感氛圍？

首重視覺，挑對色系成功一半

影響品牌認知的五大感官因素，依重要性排序，分別是視覺、聽覺、嗅覺、味覺和觸覺。顏色是五感當中最能帶給人們直覺感受的感官印象，也就是說，營造五感氛圍，首重顏色運用，挑對色系等於跨出成功的第一步。

cama café 在營造視覺風格時，除設計 cama baby 作代言圖像，最重要的，就是挑選黃色當標準色，從門市牆壁到公司印製的名片，皆統一呈現相同色調，十分符合色彩學的顏色運用原理。

依據心理感受，色彩學將主要色系分為暖色和冷色，可作為建立企業辨識系統或門市設計時，色系選用和搭配的原則。

其中，紅、橙、黃屬於暖色系，容易帶給人溫暖、興奮的感覺，適合用在餐飲業，例如麥當勞即是以紅、黃兩色作為標準色。至於冷色調，則有藍、綠、紫色等，予人沉靜、清新的感覺，誠品書店和 SOGO 百貨，分別選用橄欖綠和紫色為紙袋色調，也是依循這個原則。

除透過黃色從「視覺」上傳達溫暖感受，當顧客進到 cama café 時，常聽到的沙沙炒豆聲音，透過「聽覺」引導，立刻拉近人與咖啡的關係。還沒到店門口，香氣四溢的烘豆香，讓人不知不覺放慢腳步，即是「嗅覺」的吸引力。半開放的店門口，擺在最醒目位置的咖啡豆麻袋和木質裝潢，則是運用「觸感」，呈現這家店的個性。

先賣回味，顧客才會再上門

所有能帶來「幸福感」的產品或服務，例如一場婚宴、一段旅程，都需具備一個相同的條件，那就是提供給顧客，循「前味」、「中味」、「後味」的體驗歷程，缺一不可。

前、中、後味的概念，原本是指香水噴灑到人身上，因為成分中各種香料揮發速度不同，在聞香過程，會出現三個階段的氣味變化。

「前味」是一瓶香水最先透露的訊息，也就是剛接觸的幾十秒，直達鼻內的味道，是最先吸引人們注意的第一印象，但並不是這瓶香水真正的味道。「中味」是前味消失之後散發出的香味，是香水中最重要的部分，是一款香水的精華所在，中味的調配也是香水師最重要的責任。「後味」就是所謂的餘韻，上好香水的後味整合前味、中味，予人繞梁三日的深刻印象。

和香水一樣的，還有茶、酒、咖啡，還沒入口之前，鼻腔先感受到不同層次的香氣，讓人轉換心情，迎接即將入口的芬芳，是「前味」。喝入口之後，透過味蕾覺察是否順口甘醇，口腔感受到真正的味道，是「中味」。喝完之後，口腔中的殘存味道，舒暢感貫穿全身，不只是感官的多層次體驗，更產生身心整合的幸福感，是「後味」最迷人的魅力。

cama café 從挑豆開始，便在品質上下工夫，堅持每杯拿鐵都要有綿密的奶泡和拉花，以及將外送距離不得超過十分鐘車程，列為品牌行為的SOP，都是為了確保「味覺」帶來的厚重中味。尤其，顧客剛喝進咖啡的前三口，更是品質能否被認同的關鍵。

當不忘和門口的 cama baby 一起打卡上傳臉書，帶著「來這家店感覺真好」心情離開；咖啡帶回辦公室，還將使用過的杯套疊成一長串，標識自己的品牌鐵粉身分。集滿二十個杯套，送回店內回收可免費獲贈咖啡一杯，延續顧客和品牌持續連結並產生關聯的「後味」時，cama café 賣給他的已不只是「商品」，更是對於下一次消費體驗的「未來」美好期待。

門市退縮，口袋戰術包圍顧客感官

嚴格說起來，外帶為主的咖啡連鎖店，cama café 並非首創，也有「壹咖啡」等其他品牌，定位為外帶咖啡專賣店。但 cama café 成功掌握了咖啡具備的情緒性商品特性，雖僅是一家外帶咖啡店，卻在顧客停留時間約三至五分鐘內，提供不輸大型咖啡店的五感氛圍，展現獨特品牌魅力，是其勝出平價咖啡市場最關鍵的因素之一。

更進一步分析，良好的空間感，是 cama café 成功運用五感元素的訣竅。多數咖啡或茶飲外帶店，因門市多為小坪數，為達到空間運用極大化效果，都採取外推設計，把調製飲品的吧檯盡可能貼近人行道，一方面也爭取路人的注意，但 cama café 卻不這麼思考，而是刻意將吧檯退縮到店內。

用意在於，如此一來，顧客點咖啡時就必須走進店內，只有當顧客走進店內，並耐心等待一杯新鮮咖啡在眼前調製，而不是被迫在街邊騎樓等待叫號，店家所要傳達的五感元素，才有機會被顧客接受，引發後續的品牌體驗活動。

此外，動人且悅耳的背景音樂，也扮演關鍵的隱性角色。不只選播的背景樂曲配合上班族的心情，早中晚不同時段，分別為輕快的流行樂和抒情歌曲，cama café也講究音質、音色，門市選用的揚聲器價格都在萬元以上，播放的音樂具層次感，雖是細微差異，卻是帶給顧客不一樣空間體驗的魔法。

從「前味」、「中味」到「後味」，這一連串從五感吸引力出發的完整品牌體驗，來自經營者從品牌建立之初，便完整思考市場定位、品牌理念、品牌符號到品牌行為等，各行銷環節的高度統合，除帶來顧客高度品牌認同，也建構起一家店的無形競爭門檻（見圖6）。

《體驗經濟時代》（*The Experience Economy*）一書即指出，商品是有形的、服務是無形的，但體驗卻是令人難忘的，消費者會持續消費以求得到獨特的體驗經驗。商品供過於求的時代，人們追求更多感受與意義，五感行銷是將品牌以最自然的方式接觸顧客，透過潛移默化方式，進而從心靈深處建立顧客與品牌的緊密連結，深化品牌記憶點，最後便自然而然地，當顧客需購買同質性產品時，你的店就能脫穎而出。

圖 6 運用五感創造品牌吸引力

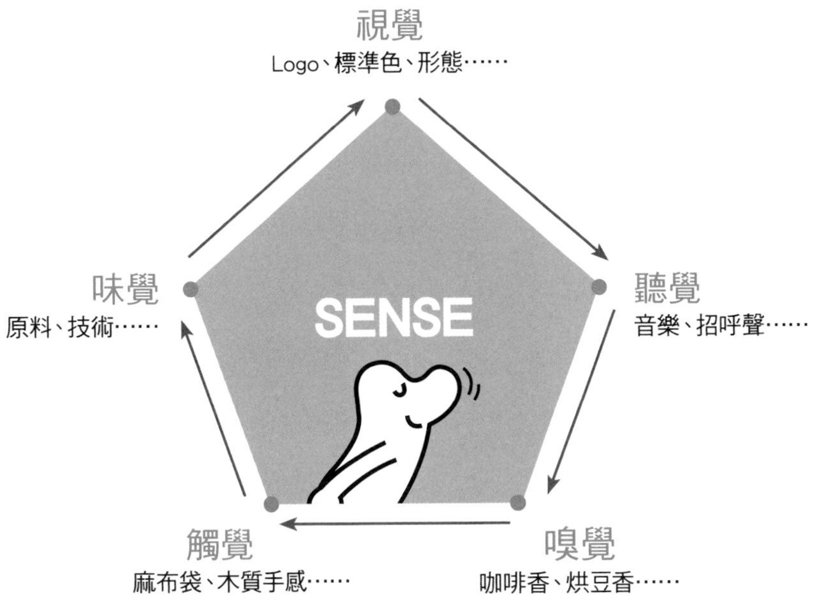

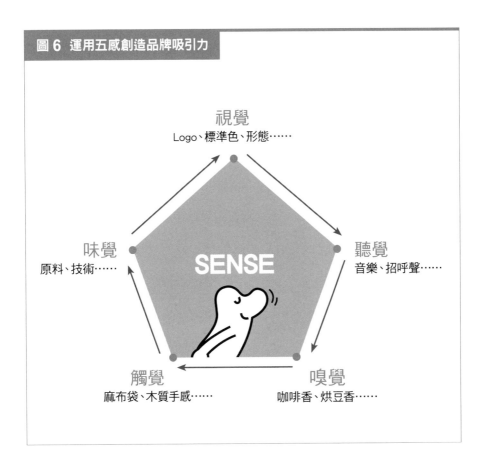

關　於
「五感體驗」

大店長

To be

「閉上眼睛，感受一下你的店還帶給顧客什麼感覺？」

&

Not to be

「幸福感是來自五感深度共鳴，不是來自更高的CP值。」

我的

To be

Not to be

Part 2

品牌改造

克服市場阻力，業績自然動起來

前言

全聯砍掉重練，五W一H把老通路變潮牌

讓客人記住你，自動上門，是行銷。你登門拜訪，賣他東西，叫推銷。全世界行銷做得最好的品牌之一就是蘋果Apple，每當有新品上市，還沒開賣之前，全世界的「果粉」和媒體，便瘋狂猜測、討論，並引發期待，形成帶動銷售熱潮的巨大動能。

這也是二〇一四年起，台灣最大生鮮通路全聯福利中心，在行銷部協理劉鴻徵領軍下，運用「行銷力學」的物理學原理強化行銷動能，大動作進行品牌改造，想要達到的目標。

前身是「軍公教福利中心」，全台最老牌通路賣場之一的全聯，一九九八年由現任董事長林敏雄接手經營，和許多本地的傳統通路一樣，原本也是一個並不重視品牌行銷，不擅長溝通價值論述的企業，長期主打的是「實在真便宜」低價形象，雖然二〇〇五年，從奧美廣告製作的全聯先生〈找不到篇〉，開始投資電

視媒體廣告，打開品牌知名度，但內部專責行銷的部門，卻直到二〇一四年，延攬前統一超商總經理徐重仁擔任總裁後，才正式設立，啓動品牌有史以來最大幅度的變身計畫。

改造後的全聯品牌，提出一系列令人眼睛一亮的行銷企畫案，包括以經典文案紅到對岸，還被山寨致敬的「新經濟美學」系列。支持紀錄片《老鷹想飛》進行偏鄉巡迴播映，結合環保、公益與農業的價值行銷。中元節發動的「鬼行銷」，則是引爆臉書瘋傳進而帶動媒體討論，創造三百萬人次的網路觸及，被網友讚譽「只有全聯可以超越全聯」，老牌福利中心搖身一變，成為年輕消費者熱烈討論的潮牌。

為了達成轉型目的，品牌理念也砍掉重練，從「實在真便宜」價格訴求，改為重視價值性主張的「買進美好生活」，讓全聯在《商業周刊》與大中華最大市調集團易普索（Ipsos），共同進行的二〇一四、二〇一五「台灣百大影響力品牌」大調查中，蟬聯為影響力排名第一的本土品牌。

但一個好的行銷，不能只有話題效應，而是要能帶動門市業績成長。因此，每一次行銷出擊，全聯更重視如何帶來傳播加行動的「品牌傳動」（Communi-action）效果，例如不只支持《老鷹想飛》電影，還高價認購友善農法契作的紅豆，製成「老鷹紅豆」麵包等熱賣商品，創造實際營收，也帶動顧客對生鮮品項的好感度提升。

全聯改造所歸納出的品牌行銷教戰守則，適合每一家正面臨轉型困境的老店，而在著手品牌改造之前，也可以先問自己以下「五W一H」：

WHY？為什麼業績老是不起色？我是不是搞錯阻礙業績成長的「市場摩擦力」？

WHAT？我的店的「年度行銷計畫」是什麼？每一季、每一個月的行銷議題設定，是否讓人眼睛為之一亮？

WHO？誰是我這家店該積極開發的「新客源」？去哪裡和他們打交道？

WHEN？一家店的離峰銷售時段落在什麼時候？可以開發什麼「新商機」帶動離峰的銷售業績？

WHERE？哪些地點或商圈，是過去開店時忽略的「新市場」？

HOW？如何替顧客找到一再上門的理由，提高他重複消費頻率和平均客單價？

品牌改造需要大量創意和嘗試錯誤的勇氣，領導人願意放手讓年輕團隊主導，並給予外部合作的創意團隊充分空間，是在「五W一H」之外，全聯發動行銷議題屢能出奇制勝，成為本土通路品牌行銷典範，背後的關鍵心態。面對變革，每家老店都有一時難以卸下的包袱，但如果連營收上看千億元的全聯，都能放下身段，讓福利中心變通路潮牌，你的店有什麼理由不可以？

教戰守則

從消費行為切入，找行銷新動能

07
行銷動能

品牌面臨老化，上門的顧客一天比一天少，每個月業績報表，總是呈現衰退的紅字，市況像一攤死水，如何讓市場再動起來？

這樣的情況，很像開著車速越來越慢的車子，必須再次踩油門，注入新動能，才能再次拉高時速表中的指針。但車速快不起來，可能是車子動力不足，也可能是因為開進泥濘的石子路或陷入沙坑，道路的摩擦力變大了，阻礙車子前進。

但無論如何，再次加速之前，最重要的，就是找到阻礙前進的最大摩擦力來源，才能用對力氣，以最小動能提高車速。

看待一家店的成長，也是如此。成長動能趨緩，問題可能出在經營團隊缺乏共識、願景不清楚，導致經營目標模糊，或門市服務人員熱情不再等內部原因，如果問題來自內部，需要的是組織變革與再造。

生意變差也有另一種可能，那就是市場競爭越來越激烈，消費者的購物行為或生活型態改變，一家店原本的特色賣點，在消費者心中越來越模糊等的外部因素，對應客觀經營環境變化，必須強化的則是行銷動能。

行銷學的英文是「Marketing」，拆開來看「Market」+「ing」，就是讓市場動起來的學問。運用物理學的原理看行銷動能，很多操作都可以迎刃而解。

物理學上，有「最大靜摩擦力大於動摩擦力」的定律，指的是讓一個物體，從靜止到開始移動的最大外力，「最大靜摩擦力」大小和所接觸的地面是否光滑或粗糙有直接相關，越粗糙需要施的力越大，但一旦當動能足夠，物體開始運動之後，要繼續維持等速前進，要出的力就比較少了（見圖7）。

運用在行銷，要讓市場動起來，就是注入大於阻礙市場前進的「行銷動能」。

行銷手法相當多元，涵蓋市調、分析、競爭、價格、定位，區隔、社群、

圖 7　靜摩擦力與動摩擦力關係

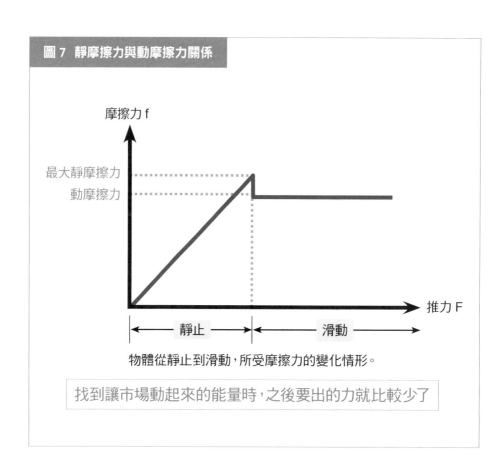

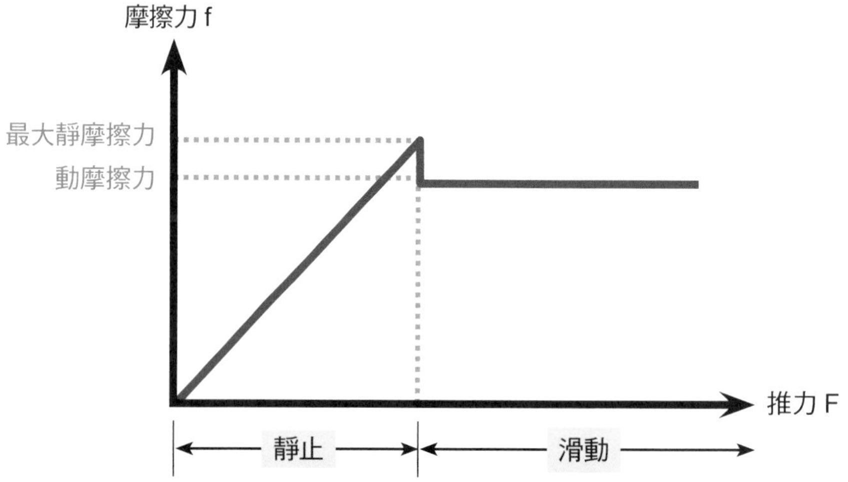

物體從靜止到滑動，所受摩擦力的變化情形。

找到讓市場動起來的能量時，之後要出的力就比較少了心理等，常見的行銷型態有網路、口碑、電話、門市、傳單、舉牌、看板或集點等，翻開行銷的教科書，更有許多不同定義。

但不管怎麼定義，目的只有一個，就是增加來客數，創造業績和利潤。管理大師彼得．杜拉克說過，最好的行銷，就是讓銷售成為多餘，因為，當品牌價值深植人心，不必靠推銷，業績自然而然就上門。

正如同蘋果前全球行銷溝通副總裁強森（Allison Johnson）所說的，當你要賣東西給某個人時，一定得做行銷，因為，如果你沒有提供相應的價值、產品的知識、沒有幫助顧客從產品得到最大的好處，那麼，你就只是在賣東西而已。

你不應該讓自己進入那樣的模式裡。

實戰

幫顧客洗菜、備料，全聯改當二廚，做大生鮮市場

全聯的真正競爭對手店等究竟是誰？是量販超市的家樂福（Carrefour）、頂好超市（Wellcom）？全台超過萬家的7-Eleven和全家便利店等超商？還是傳統市場的魚肉鋪？想讓全聯業績再提升，競爭對手是唯一的市場阻力嗎？有沒有可能，和麥當勞、鬍鬚張去競爭外食市場的大餅，才是做大生鮮市場的最重要成長動能？

搞清楚真正的競爭對手是誰，讓店業績停滯不前的最大阻力為何，是著手改造品牌，注入新行銷動能之前，最重要的一件事。因為，如此才能對症下藥，不會做白工。

瑞典家具品牌IKEA，曾經拍過一系列改造小吃店、市場攤位的形象廣告。

其中之一是以西門町阿宗麵線為場景，幾個人在店家門口搬來餐桌椅，並鋪上桌巾、擺上水杯和餐巾紙，讓客人坐下來品嘗放到餐碗的麵線，改變原來只

能站在路邊，用免洗碗筷將就著吃的方式。

短片從頭到尾沒有推銷新產品或促銷訊息，只有透過民眾的訪談，強調帶給他們「提升品味」、「優雅精緻」、「回到家吃飯的感覺」的愉悅感。

搞清楚 真正競爭對手是誰

IKEA洞察到，年輕客源越來越不到店內採購的最大原因，不是被其他家具品牌搶走，而是因為經常外食，少了添購鍋碗瓢盆的需求，更因為很少請朋友到家中吃飯，也不須定期更換桌巾、買花瓶布置餐桌。

對IKEA來說，最大的市場阻力之一，是外食產業，只有更多人願意在家開伙吃飯，定期翻新居家擺飾風格，更重視創造家庭生活愉悅感，居家用品的生意才會越做越大。所以，拍阿宗麵線這支短片，想傳達和引導的，便是一種居家的美好氛圍。

身為國內生鮮超市龍頭，全聯著手品牌改造前，也是先分析競爭環境，找出最大的市場阻力。

首先，從消費行為分析，若依距離遠近、賣場面積和營業時間，作為X、Y、Z軸，可以定位出，比起 7-Eleven 等便利超商，家樂福等量販店更可能是超市的直接競爭者（見圖8）。

用量化的市調數據更可以驗證，不管是目標消費族群或消費的品項和目的，「超商」和「超市」，都大不相同。

「便利超商」的尖峰銷售時段，是早上七點到九點的上班上學之前。生意旺季是人們從事戶外活動、飲料需求高峰的夏天。業績最高峰，落在禮盒需求量最大的春節期間。

「生鮮超市」的尖峰銷售時段，則落在下午四點到七點的下班課後。生意旺季是一家人圍爐吃火鍋的冬天。業績最高峰，來自農曆中元節帶動的祭拜供品採購需求。

至於，目標消費族群和購物目的，兩者的差異也頗大。

「便利超商」以男性顧客居多，男女比是七比三；半數是三十歲以下的年輕人。八成以上的客單價在七十五元以下，主攻即食即飲的「一個人經濟」。

「生鮮超市」恰好相反，以主婦型的女性顧客居多，男女比是三比七。八成

圖 8 先搞清楚競爭環境

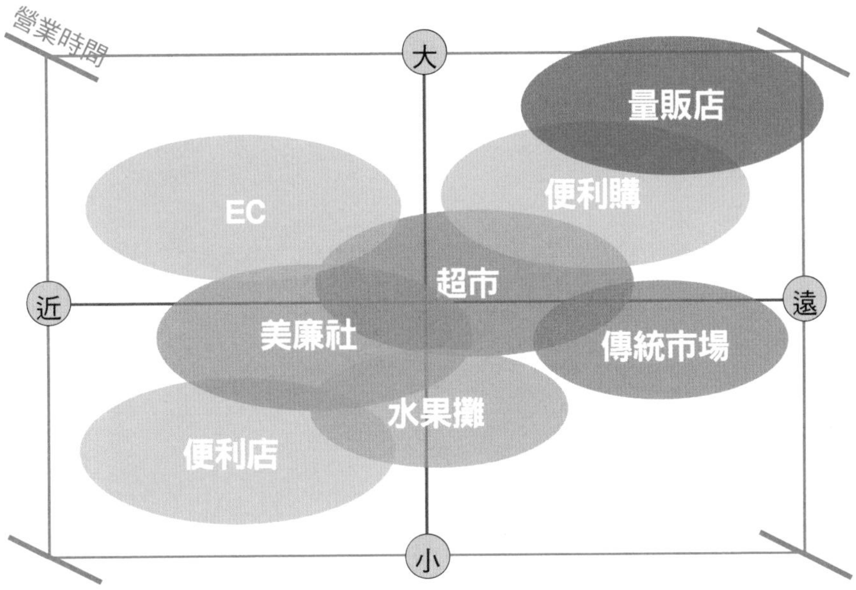

以上的客單價在兩百元以上，主攻計畫型採購的家庭客群。

分析近年來零售通路的市場大餅結構則會發現，以會員制和獨家商品為訴求的好市多（Costco），和網購電商新通路，是在零售業趨飽和之際，少數持續大幅成長的業態，雖非直接衝擊全聯，但比起便利商店，才是更需要關注的競爭通路。

年輕人不來、不煮飯，才是最大市場阻力

企業想找到新的成長引擎，不外乎靠「市場滲透」與「市場開發」兩種策略，前者是挖競爭對手牆角，藉以提高市場占有率；後者則是找到新客源，或擴大銷售區域。對在超市通路市占率絕對領先，已是全台生鮮超市龍頭的全聯來說，要找到營收再倍增的成長引擎，光靠「市場滲透」還不夠，必須從「市場開發」著手，不只在如離島金門或北部都會區，還沒插旗的區域展店，甚至要思考，如何擴大生鮮市場大餅？

特別是，隨著跨界競爭越來越激烈，業態之間的界線日益模糊，從行銷動能的角度看，市場真正摩擦力，經常並非來自同業競爭對手，反而是，誰做了什麼服務或商品，和我的店有直接競爭關係？

例如，從業態別看，咖啡店和便利超商並非競爭對手，但當便利超商一年可以賣出百億元以上的咖啡時，就對咖啡市場造成衝擊，成為多數咖啡店必須面對的市場阻力。前述提到，外食產業對IKEA造成的威脅，也是如此。

亦即，對通路賣場而言，影響業績成長，更深層的市場摩擦力，是來自消費者飲食行為的改變。

據經濟部統計處的資料，一九九六年至二〇一五年，國內餐飲業總市場的年營業額，從三〇二六億元，成長至四二四〇億元。也就是說，十年內，台灣整體餐飲業產值，因為便利商店鮮食和外食產業蓬勃發展，成長幅度便高達四成，增加超過千億元，甚至大於全聯八百家店的總營收，三餐老是在外的「老外」一族越來越多，大家不煮飯自然沒有生鮮採購需求，才是超市業績成長的最大摩擦力。

另外一個摩擦力，則是「年輕人不上門」。全聯消費顧客的年齡分布，三十歲以下只占九％，明顯比台灣全體人口結構還要老。缺乏新來客的動力，也成為阻礙業績成長的另一顆大石頭。

生鮮要成長，先讓做菜不麻煩

搞清楚市場最大摩擦力來源，接下來就是提出行銷對策，注入新動能。於是，全聯發動品牌改造的第一支電視廣告，推的就是〈大冰箱篇〉，以「全國最大的冰箱」為訴求，公開後台分區、分溫層作業處理，先強化在顧客心目中，專業生鮮食材供應商的信賴感；接著提倡「週三家庭日」，從全聯總部做起，週三六點準時熄燈，讓員工回家吃晚餐，藉此減少人們因加班被迫外食的次數。

全聯行銷團隊發現，對家庭主婦來說，在家煮飯最費力氣的，不是開火炒菜，而是洗菜、備料的事前準備工夫。為降低動手炒菜的這個摩擦力。全聯不但開發符合個人或小家庭一餐用量，預先做好處理，可即購即煮的生鮮商品，更推出〈二廚篇〉廣告，由品牌代言人全聯先生，以生動易懂的方式，和顧客溝通生鮮處理廠內的五百位專業人員，都是家中每位主廚做料理時，背後那個協助做好文蛤吐沙、肉品去筋去膜的「二廚」。

因為，唯有讓下廚做菜不再是苦差事，全聯才有更多生意可做。

關　　於
「行銷動能」

大店長

To be

「聽聽年輕人都是怎麼形容你的店！」

&

Not to be

「緊盯對手做生意，最後的下場往往是和對手一起遭市場淘汰。」

我的

To be

Not to be

教戰守則

溝通「主題」，不談單一「商品」

08 主題行銷

「議題設定」（agenda setting）是新聞學探討傳播效果的一個重要概念。它指的是，大眾媒介可以透過報導內容的方向和數量，影響公眾「想些什麼」或「討論什麼」議題，因而被媒體強調的議題，也成為多數閱聽人關注的重要議題，這樣的效果，便形成媒體影響力的來源。

如同媒體決定人們談論什麼話題，怎麼看待一件事情，「主題行銷」正是一家店透過議題設定方式，創造讓顧客感熱愛或興趣的內容，並有計畫的呈現商品資訊，爭取顧客注意力，進而產生購買產品或服務的動機。

傳播和行銷，兩者的相同之處也在於，一篇好報導，不只要引發讀者的好奇心，還要提出深得我心的獨家觀點；好的行銷議題設定，則能巧妙傳遞產品背後的故事和獨特差異，引發消費者注意，並滿足他們的心底渴望，讓顧客在購物過程，得到情感性滿足的附加價值。換言之，做行銷目的之一，追求的就是傳播效果，通路本身即具備媒體的特性，如何掌握市場議題的話語權，讓顧客隨著行銷魔笛起舞，帶動商品的銷售，正是通路行銷人員最大的責任。

當然，一個成功的主題行銷，除要有讓人眼睛為之一亮的創意、易懂易記的行銷標語（slogan），還要搭配具競爭力的商品組合，讓人氣成功轉換為買氣，待買氣爆發回頭又再次帶動人氣，發揮一加一大於二的效果。要特別注意的是，引發顧客強烈興趣同時，行銷訴求也應與品牌的價值主張一致，這樣，一次又一次主題行銷，在顧客心目中形成的短暫印象，才能累積並轉換為長期的品牌資產。

百貨業是最早透過主題行銷聚集人氣和買氣的通路賣場，目的是衝刺一年最重要的母親節、父親節和周年慶等檔期業績，透過全館共同的主題性活動，提醒顧客上門消費。後來，日系超市將此模式發揚光大，並加入更多與生活型態有關的主題，成為賣場一年到頭常態化的行銷活動。

在進行主題行銷時，最重要的核心思考，是如何在同一時間點，集中一家店所有行銷火力；要和顧客溝通的是「主題」，而不是單一「商品」。

例如，便利商店夏天強打「飲料第二件六折」，溝通的是加價購主題，而不是紅茶或可樂等商品。因為，各別商品差異性小，各自操作的傳播力道分散，且往往A商品做促銷，B商品就衰退，產生此長彼消的「業績翹翹板」現象，整間店的業績並未成長。但若是同類商品多品牌聚焦在單一主題，則可發揮物理學上「向量」的合成效果（見圖9），加強傳播力道，讓有限行銷資源發揮最大效果。

不管是創造行銷議題，炒熱既有商品買氣，或以獨家、新品為主題，擴大造勢拉抬相關商品買氣，總之，主題行銷的具體效果只有一個，就是替顧客找到再次上門的理由，藉以提高消費頻率，驅動業績成長。

圖 9 向量作用示意圖

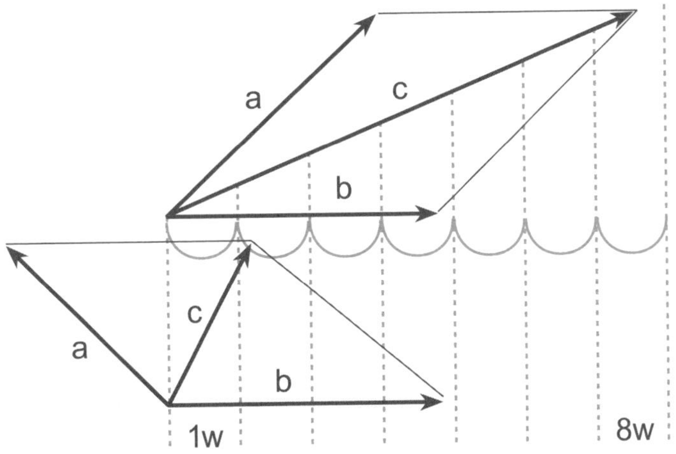

整合公司內部資源朝同一方向，
同一時間內做同一件事情，效果加倍

實戰

有話題性商品，超市就充滿樂趣和新發現

很多店家對行銷存在一種刻板印象，認為做行銷就像在「放煙火」，把預算押注在一、兩檔商品或活動上，只能贏得市場一時注意，帶動業績成長的效果難以延續。

之所以形成這樣認知，是因為缺乏執行主題行銷計畫的節奏。全聯品牌再造過程中最重要的工作，就是架構好行銷平台，並重新設定全年二十四檔的行銷議題排程（見表1）。

全聯的行銷平台以電視和報紙廣告、會員DM和官方粉絲團為主。其中，配合每兩週商品換檔，每期印量高達四百萬份的會員DM，傳播效果極大，過去多著重在溝通促銷訊息，每一檔刊登近千個促銷品項，但主題性卻不明顯，和其他賣場促銷DM的差異性也不大，是沒有充分發揮效益的行銷平台。

表 1　全聯主題行銷年度計畫

2015 年	議題設定	促銷商品
第一季	〈年終大掃除〉	清潔用品、鍋物食補
	〈新年到 福利熊來報到1〉	年菜預購、年貨大街
	〈新年到 福利熊來報到2〉	春節禮盒、夢幻福袋
	〈在家吃早餐〉	發熱衣出清、湯圓
	〈媽咪寶貝週〉	衛生紙聯合大促銷
	〈清明時節〉	水果組合、日系商品大賞
第二季	〈綿綿博覽會〉	涼感衣新品、野餐用品
	〈美麗女人節1〉	面膜、美妝類
	〈美麗女人節2〉	衣物、廚房、浴廁洗劑
	〈銀髮樂齡週〉	成人奶粉、紙尿褲
	〈生鮮 700 店慶1〉	考季起跑，考生嚴選商品
	〈生鮮 700 店慶2〉	油品、罐頭、調味品
第三季	〈全聯零錢捐公益〉	冰品、飲料、啤酒
	〈夏天　乾杯〉	冰品、飲料、啤酒
	〈中元祈福祭1〉	指定商品福利點 5 倍送
	〈中元祈福祭2〉	妖怪音樂祭
	〈在家吃早餐〉	冰品嘉年華
	〈中秋烤肉節〉	中秋禮盒、烤肉用品
第四季	〈秋季女人節〉	美妝、衛生棉
	〈亞洲泡麵博覽會〉	200 款泡麵、萬聖節糖果
	〈超級週年慶1〉	保健食品、補品
	〈超級週年慶2〉	集點兌換雙人牌刀具
	〈咖啡大賞1〉	咖啡、巧克力
	〈咖啡大賞2〉	咖啡、酒類

資料來源：2015 年《全聯生活誌》

跟雜誌編輯學企畫議題

因應品牌改造，會員DM進行全面大改版，並更名為《全聯生活誌》，為呼應以主婦為主力消費客群的生活型態，除促銷商品外，每一檔還找來江蕙、天心、八三夭樂團等知名藝人，當封面人物，分享對美好生活的觀點，帶動版面吸引力與可讀性。

但最大的挑戰是，如何掌握、引導消費者需求，精準設定每一個行銷檔期的主題。

雜誌編輯是議題設定的專家，行銷人員作為賣場的議題設定者，便可將自己定位為「賣場編輯」角色，學雜誌編輯企畫議題，比照封面故事的產出作業方式，建立議題的標準化流程（見圖10）。

首先，藉由大量情報蒐集與解讀（市場分析），了解讀者最近比較關注哪一類議題（顧客需求），再由記者尋找具話題性的獨家素材，撰寫成為一篇篇稿件（商品開發）。最後經過美編設計版面，文字編輯下標題（設定主題），才出刊上架銷售（市場驗證）。

圖 10 行銷主題產製流程

新聞界的編採合一，和通路的賣場編輯很像，
必須整合資源找出重點，整合溝通

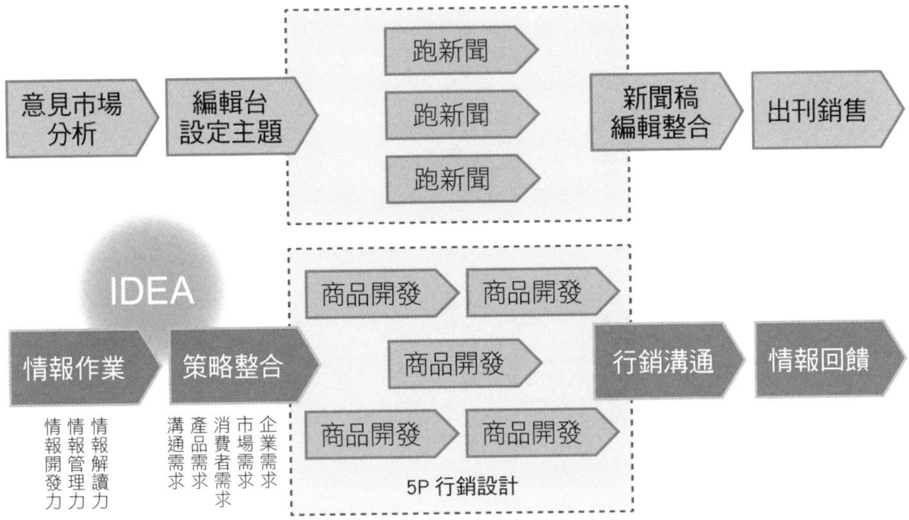

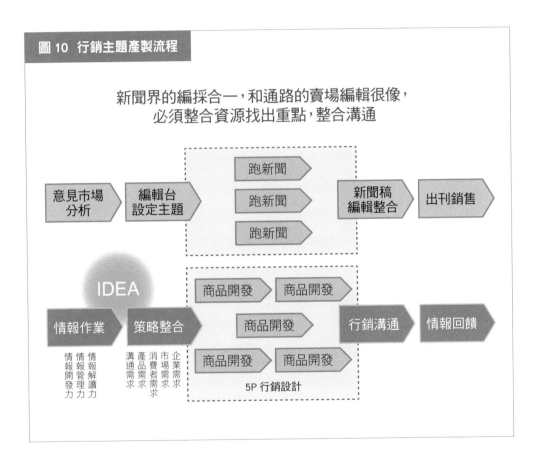

不只定出每一檔的行銷議題，且每一季都要有重點，強弱檔期輪流出牌，規畫出全年度的行銷計畫表，當成後勤管理部門年度的重點工作項目之一。一般來說，主題行銷需統合一家店的各種資源，更牽動商品部門採購計畫，多數大型通路早在前一年第三季起，就陸續敲定隔年各月份行銷議題。

至於行銷檔期的週期，則視不同業態與目標客群的消費行為而定。全聯設定兩週一檔，是因為根據顧客來店分析，農曆初一、十五，是每月的業績高峰，兩週恰是多數顧客採購週期的最大公約數。

業績淡季來開趴，辦衛生棉、泡麵「博覽會」

主題行銷之所以重要，在於市場競爭激烈，商品供過於求的結果，靠物美價廉價格戰，帶動銷售成長的效果越來越有限，亦無法滿足顧客期待。店家必須思考的是，如何藉主題行銷帶出新動能，克服市場摩擦力。

明顯的例子是，日本通路業者近年來的市調發現，重視環保意識、想對自己好一點的消費者越來越多，所以人們在個人清潔用品的消費支出有逐年攀高趨勢，低價商品已未必有絕對的賣點。

換言之，顧客期待的是商品之外更多的消費感受，如話題性、稀有性，或如何提升生活品質的新做法、新觀念。

全聯全年度的行銷議題有三種類型，「節令型主題」：農曆新年、中元節。「素材型主題」：夏季啤酒、咖啡大賞。「生活型態主題」：在家吃早餐、銀髮樂齡週。讓顧客到店從便宜的單一理由，變成多元、有趣。

就像「造花園」一樣，先鎖定超市的傳統旺季，訂出每一季重點檔期，如第一季有農曆新年、第三季是中元節，成為聚客的磁力中心。至於業績較淡的月份，則動腦發想推出創意性主題，例如新創「女人節」節日，或「咖啡大賞」主題活動，甚至連衛生棉、泡麵等一般家用品，都能以「博覽會」名義，找來藝人談使用心得掀起話題。

經過事先企畫的行銷議題，從年頭到年尾，一檔接一檔，如同花園裡大小花朵，定時輪流綻放般，每一個主題既可彼此拉抬，對外營造「充滿活力」的品牌印象，又可吸引不同類型商品需求的消費客群，產生一加一大於二的綜效。

用新鮮事，讓顧客一再上門消費

處於資訊爆炸環境下的人們，不缺資訊，但總缺有話題性的新聞，商品世界也一樣，對消費大眾來說，缺的正是具話題性的商品，以及逛起來如主題樂園般，充滿樂趣和新發現的賣場，這是主題行銷最重要的任務。

連泡麵、衛生棉，都能辦「博覽會」點燃行銷戰火，從全聯的例子就可以想像，每家店、每一種商品，都能經由企畫過程，發展出獨具特色的行銷主題，創造話題帶動來店人氣。

擅長和顧客溝通生活風格的無印良品MUJI，便經常以「生活提案」方式，發展行銷議題，甚至跨入營建業，以MUJI House為主題，提出在地狹人稠的都市中，打造簡約有設計感居住空間的主張，透過不斷溝通如何過適切的簡單生活，觸發顧客產生從家具、電器到衣服食品等，不同生活用品品類的購買行為。

職棒中信兄弟隊推出的「Belongs to Girls棒球女孩日」，也是採取主題行銷做法，結合保養品、咖啡甜品等品牌贊助商，為進場女性球迷量身定做，在賽前推出和球員的擊掌見面會、測球速遊戲等一系列活動，有別過去針對男性觀眾的啦啦啦隊表演，不但帶來新鮮感，也因提供不同觀賽體驗，讓更多女性球迷有多一個走進棒球場的理由。

只要願意動腦發揮創意，絕不會找不到可以發揮的行銷議題，也唯有不斷推陳出新，主題行銷才能帶動客人再次上門。當在不知不覺當中，養成人們對這家店或品牌的依賴性之後，你的店和競爭對手之間，便有機會跳脫商品與商品的價格競爭，走向店與店的品牌層次競爭。

關　　於
「主題行銷」

大店長

To be

「行銷議題要推陳出新，但一次說清楚一件事就好。」

&

Not to be

「沒有年度計畫，集中火力做行銷只是在放煙火。」

我的

To be

Not to be

教戰守則

塑造消費情境，讓購買慾「沸騰」

09 店頭行銷

多數人上餐館，是到了餐桌旁，坐下來之後才開始考慮點什麼東西。八成以上消費者，也是進入賣場之後，才開始決定該採購什麼。

店頭行銷（In-Store Marketing），著重的便是當顧客已走進店裡，如何運用商品陳列方式、購物動線規畫、促銷海報張貼，或現場試吃活動安排，商品解說人員話術攻防等具體做法，發揮影響消費行為臨門一腳效果，把握決策前最後溝通機會，產生實際的購買行為。

流通業特別重視消費者和商品之間這段「最後一哩路」，不同消費者行為研究都顯示，六至七成的消費金額，是顧客走進店內之後臨時起意決定的。其中，賣場情境塑造，扮演著十分關鍵的角色。

為什麼只是調整賣場商品陳列方式，就會影響上門顧客的購買行為呢？原因在於多數時間，人們傾向用直覺做決定，特別是在令人放鬆的購物環境下，更常發生憑直覺和情緒的衝動性消費。

心理學大師，也是二〇〇二年諾貝爾經濟學獎得主的康納曼（Daniel Kahneman），在他的著作《快思慢想》（*Thinking, Fast and Slow*），點出人們通常是依循印象和感覺過活，常不自覺的過度自信，更常靠第一印象和主觀做出行為決策，即便有時是錯的，但我們仍然很有信心。

康納曼提出「快思」和「慢想」，兩種人類的思考模式。「快思」指的是各種直覺思考，它是自動化的心智活動，由知覺和記憶主導，反應非常的快，不須費力，由不受自主控制的潛意識主導，如同我們能輕易回答「1＋1＝2」。「慢想」則是需要用到龐大注意力資源，進行深思熟慮的心智活動，就像要算出「17×42」答案是多少。由於每個人的注意力資源都有限，若非必要，絕不想多花力氣，因此，通是在「快思」的捷徑式思考失敗之後，才會啟動「慢想」。

運用在店頭行銷，常見的做法便包括，推出限時、限量活動，聚集人氣產生從眾行為刺激銷售。透過試吃或奉茶，讓顧客覺得溫暖，卸下心防創造成交機率。或刻意降低某些指標商品品項，產生所有商品都同樣便宜的印象，以強化購買動機等，這些都是透過改變賣場情境，簡化商品資訊呈現方式，引導顧客用「快思」的直覺思考模式，做出消費決策，讓原本可能「不想要」的商品，成為「需要」；可能「需要」的商品，成為「好需要」。

這也說明了，多數時候，人們的行為深受外在環境制約。不只商品陳列方式，就連店頭的燈光、溫度或音樂，都會影響消費行為，但該如何設定並沒有絕對標準，需視業態和商品特性而定。一般來說，賣場通路，燈光越明亮，越能提高購物效率，帶動銷售業績；但若是手機專賣店，要考慮的應該則是，怎樣的室內光源，顧客在店內自拍能拍出最佳效果。

實戰

陳列區凸顯AKB48，帶動全店銷售

管理學上，有所謂的「八〇／二〇法則」，指的是，八〇%的結果，取決於二〇%的原因。這個原則後來被廣泛運用來解釋，大多數的影響，是由少數事件造成；大多數的產出，是由少數投入所創造的常見現象。

走進全聯新型態的賣場，最先讓人留下視覺印象的，是色彩繽紛的生鮮水果商品，特別是最靠近入口水果區的蘋果、奇異果和香蕉，為求醒目，採用大面積陳列方式，帶給顧客「數大便是美」的豐富視覺感受。

有別於過去把水果和番薯、蒜頭等根莖類蔬菜送作堆，賣場因缺乏主視覺，顯得沉悶、單調，改造後的全聯，特別強調視覺感的營造，並擴大每一品類中，熱賣商品的陳列面積。

以水果為例，分析銷售數據，發現光是蘋果、奇異果和香蕉，就占全聯該品類高達四八%的銷售金額，內部簡稱「AKB 48」，可說是水果品類的明星商品，也是為什麼要刻意擺在入口處當帶路貨的原因。

八二法則陳列法，報廢率不增反減

其實，全聯店內提供多達一、二十種以上水果品項，讓顧客有所選擇，但運用「八〇／二〇法則」，將水果區半數以上陳列面積，保留給「AKB 48」這三種水果，雖因此增加蘋果、奇異果和香蕉的備貨數量，銷售結果卻顯示，反而因此帶動集中購買的行為，報廢率不增反減。此外，因為視覺印象強烈，再次強化顧客心目中專業生鮮通路的品牌形象，順勢拉抬水果品類的整體業績表現。

不只超市賣場，像這樣以招牌菜、帶路貨等明星商品，作為啟動顧客消費行為的切入點，也是許多通路非常重視的店頭行銷原則。有「日本新經營之神」之稱，創辦日本 7-Eleven 的鈴木敏文，在他的著作《賣到顧客的心裡》一書中，提到的「沸點原理」，即是類似想法。

在日本7-Eleven門市，每天會針對隔天的銷售，提出假設並積極下單備貨，大膽採用大面積陳列促銷預計會熱銷的產品，自信地傳達「這是我們推薦的商品」。背後的消費心理學是，當商家以大量備貨展現自信，會讓消費者直覺地感到放心，並一口氣提高商品認知度，激起購買行為的動機，等到購買慾達到心理上的「沸點」臨界，就像水溫上升到一百度，突破大氣壓力產生沸騰的效果一樣，成為強大的行銷動能，顧客就會自動掏腰包埋單。

不管是明星商品或是沸點原理，都是透過聚焦並放大重點商品，讓顧客在接觸商品時，不會因為要從大量商品中做出選擇，耗去大量注意力，而是能用最省力的「快思」直覺模式，有效率地做出採購決策。對店家來說，也是打開顧客荷包，最省力的切入點。

用「人往空處走」集客，讓出空間賺更多

在全聯品牌改造過程，除了「AKB 48」，啤酒也是另一個店頭行銷的成功

個案。

過去，全聯是以賣乾貨的習慣，思考販賣啤酒的方式，為求最佳價格競爭力，採取整箱整打的賣法，也不主打冰涼即飲的啤酒市場，因此，進入夏天飲料旺季，大部分消費者傾向到便利商店購買啤酒，因而啤酒在超市通路，遭遇很大的銷售瓶頸。

但和國外的市場資料比對後發現，在國外，超市才是啤酒的主流通路。以日本為例，超市賣出的啤酒，是便利商店的一．五倍，分析主要購買族群，多半是主婦買給老公喝的。這意味著，如果能找出並克服市場真正的摩擦力，全聯的啤酒商機，其實仍有很大成長空間。

因此，二〇一五年起，全聯改變飲品的店頭行銷方式，不但將啤酒冰到冰箱裡頭賣，也配合生活誌發動《夏季乾杯》主題行銷活動，一舉引爆啤酒等飲品買氣，締造四五％業績成長的亮麗成績。

一樣是改變乾貨銷售思維，更新的店頭行銷做法，還有運用「水往低處流」省力原理（見圖11），讓出更多賣場空間給顧客，帶動「人往空處走」的集客效果。

改造後的全聯，一方面減少乾貨貨架，增加生鮮水果；另一方面，針對都會

圖 11 斜面省力示意圖

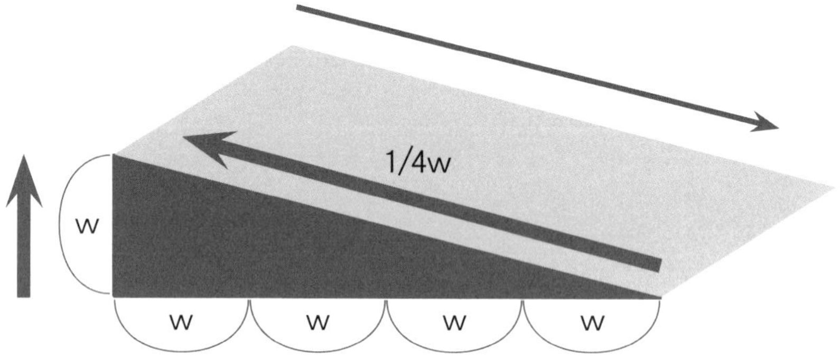

水往低處流，人往空處走

消費形態，打造的「imart」進化店型，不但增加便當、咖啡等熟食品項，也保留空間提供座位區。改變店頭產品組合，帶來的實質效益是，因為生鮮產品不能久放，便當和咖啡又是即時、即飲商品，原本半個月才採購一次乾貨的顧客，現在因為有新需求，顧客變成每週、甚至是每天都上門，縮短消費週期提高來店頻率，全店業績自然也就能動起來了。

分析各時段來客，開發離峰商機

分析營業額淡、旺季，規畫一整年主題行銷若干原則，也可複製運用在店頭行銷。

實際做法是，借用物理學「有落差，就會有能量」的能量轉換原理（見圖12），分析一家店不同時段來客數，從中找出新的行銷動能，開發離峰時段新商機。

從全聯全天的來客統計可以發現，早上九點到十一點，剛開店頭兩個小時，

圖 12 高低差示意圖

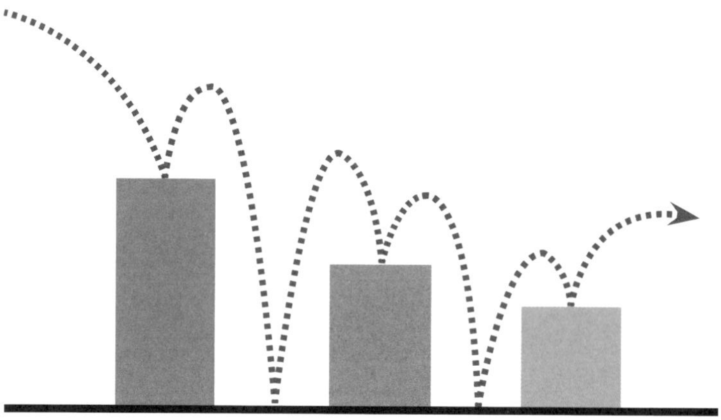

有落差，就會有能量！

是一天中生意最清淡的時段，但這個時段，卻是便利商店或速食店的早餐尖峰時間，同樣扮演接觸消費者通路的全聯，難道在這個時段，真的沒有生意可做嗎？

遵循主題行銷，企畫性「主題」重於單一「商品」的原則，全聯思考如何透過商品重新組合，分食早餐市場商機，於是提出「在家吃早餐」的整合行銷主題。除在賣場將火腿、雞蛋、果醬和烘焙麵包等既有商品，以關聯性陳列方式擺設，方便顧客一次購足，並喊出替家人把關好食安的訴求，喚起找回餐桌價值的意識，等於在早餐市場，全聯不但沒有缺席，更是幫顧客多找到一個，上門採購生鮮食材的理由（見圖13）。

從全聯的「AKB 48」水果銷售術、成功擴大啤酒市占率，到就算沒賣三明治，照樣搶攻早餐市場等的例子，再次說明了只要切中顧客需求，擅用行銷的槓桿力量，品牌一定能找到成長的空間，市場從來沒有飽和的問題，有的只是誰淪為被取代的輸家，誰又成為市場重分配的新贏家。

圖 13 不同時段來客數「高低差」

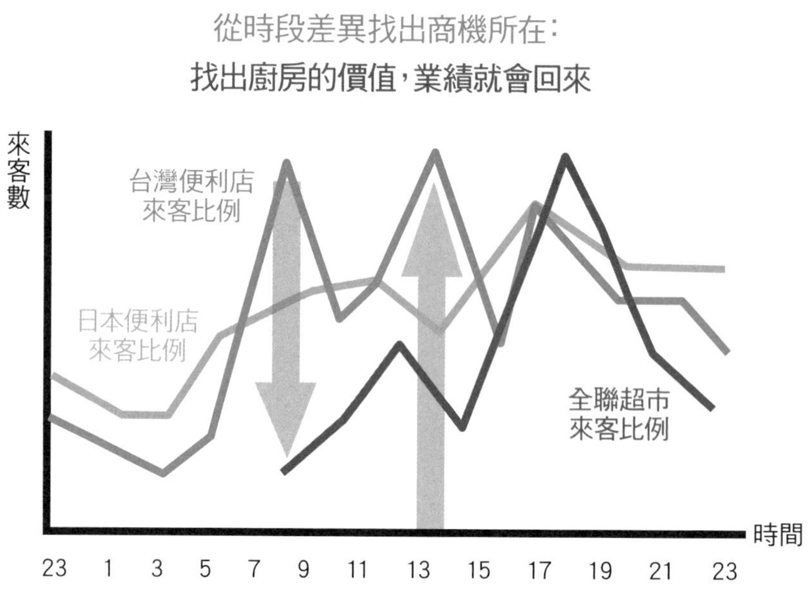

關　　於
「店頭行銷」

大店長

To be

「提供服務型商品，讓客人被你的店牢牢黏住。」

&

Not to be

「提供太多品項選擇，只是增加顧客做出購買決策的干擾資訊。」

我的

To be

Not to be

教戰守則

三分找新客，七分鞏固忠誠客

10 集點行銷

行銷目的是要讓「市場動起來」，既然花了這麼大力氣，克服市場最大摩擦力，改變原本「靜者恆靜」狀態，接下來，當然是要讓市場保持「動者恆動」，經營一群願意重複消費，和一家店或品牌建立忠誠關係的熟客。

銀行信用卡和汽車業等消費行為研究均顯示，開發新顧客的成本比維繫舊客戶的成本，至少高出五倍，顧客關係維持越久，均攤的維繫成本越低，獲利率也就越高。另外，企業若能減少五％的顧客流失率，亦可提高二五%至九五%不等的獲利率。

原因在於，熟客對一家店的產品資訊和服務流程，都已非常熟悉了，不需要重新告知或一再提醒，甚至還會免費幫你做口碑推薦。

對顧客來說，和一家店建立長期買賣關係，也有好處，不只可以預期產品和服務的品質，提高採購效率，也能降低轉換交易對象的成本。在流通餐飲業，由於和顧客的日常消費行為互動頻繁，常見的「關係行銷」（Relationship Marketing）做法，有發展會員關係，如好市多發行會員卡、星巴克咖啡的「星禮程」（My Starbucks Rewards）計畫，或7-Eleven、全家等便利商店業者，推出的集點兌換活動等，提供紅利積點、商品優惠或贈品兌換的加值服務，獎勵顧客產生重複購買行為。

以店家的立場，發展會員制度的必要性在於，可藉此累積一家店消費行為的大數據（Big Data），追蹤顧客的消費頻次與金額，提前掌握商品需求的變化，或做出個別化的消費偏好分析，進行直效行銷。而進入會員經濟時代，掌握越多會員，也同步提升品牌資產，如Uber、Airbnb，市場創投資金便是以其會員成長數，作為品牌估值的依據。

但不管是發行會員卡或集點行銷，前提是要先找到一個綁住顧客的行銷平台。行銷平台可以是單店或個別品牌，也可以是跨品牌形成的策略聯盟平台，例如航空業的星空聯盟（Star Alliance）和天合聯盟（Sky Team），或國內結合加油站、百貨等異業的「Happy Go」聯合集點卡等，透過集體發聲，發揮聯合行銷的加乘效果，便能增加個別品牌的曝光機會。

要提醒的是，雖然熟客的關係維護成本較低，不代表不須投注充分行銷資源，一個成功的會員回饋方案，品牌最終要贏得的，是顧客情感上的認同，甚至讓顧客覺得自己是品牌的一份子，光靠折扣優惠，不足以建立如此緊密的關係。因此，回饋給熟客的贈品或服務，不管是功能性或心理價值，一定要超越他的期待，才能帶來新的行銷動能。

由於需投入一定的行銷預算，因此，精算投資報酬率（RIO），做好完整的財務試算，是會員或集點行銷重要的成功關鍵。一旦建立忠誠度，顧客認定的就是品牌或這家店帶給他的整體價值，而不再只在乎價格差異的些微比較。

實戰

集點贈好禮，吸引新客群

消費滿額送、集點換贈品這類通路行銷活動，只要贈品是限量、獨家，具話題性的，經常是一劑行銷猛藥。

這套從香港便利商店傳到台灣的行銷手法，始於二〇〇五年四月，統一超商 7-Eleven 拿 Hello Kitty 3D 磁鐵當贈品。當時，是為回應對手全家便利店，找來剛走紅的五月天，推出麵包、飯糰和鮮食商品代言廣告，帶動全店業績跳躍成長的行銷威力，於是，7-Eleven 發動消費滿七十七元，即贈送一枚 Hello Kitty 磁鐵的行銷專案。

7-Eleven 原本設定的行銷檔期，是三個月內送出七千萬磁鐵贈品，怎料大受消費者歡迎，第一個月就被顧客索取超過四千萬個，很多顧客為了要換贈品，原本不打算在小七買的衛生紙，結帳前也隨手拖了兩包，成功拉高平均客單價，從原本約六十元，提高到逼近七十元的水準，門市銷售業績自然跟著水漲船高，單月營收還因此創下歷史新高。

集點引爆話題，拉抬平均客單價

延續消費滿額送做法，便利商店接續推出集點活動，贈品類型強調價值感和趣味性，如史努比、海賊王或蛋黃哥圖樣等的刀叉、水杯、抱枕、收納盒。自此，集點行銷也成為各大通路賣場，常見的行銷活動。

配合品牌改造，二〇一五年九月，全聯首次發動集點行銷，贈品是有近三百年品牌歷史的德國「雙人牌」刀具組，在中元節檔期之後的業績淡季，配合「週年慶」推出，由於重金採購高規格贈品，硬是讓業績逆勢成長兩成。隔年，同樣緊接在中元節之後，贈品則祭出同為德國精品廚具的WMF，吸引原本不在超商購買啤酒、牛奶的家庭主婦，為了集點走進全聯消費。

在集點贈品的選擇上，有別於便利商店主要客群是男性、年輕上班族，以生活小物居多，全聯提供的是實用、價值感較高的廚房用品，一方面是為了迎合家庭主力客群，也和顧客的廚房生活產生共感。另一方面，由於贈品的價值感打破業界行情，成為消費新聞版面的熱門話題，行銷議題也因此得到大量曝光。

尤其，搭配電視等媒體資源投放，全聯傳遞給消費者的訊息是，除了便宜之外，到賣場來也能追求優質、講究的生活風格，助攻品牌形象改造，藉此吸引原本在其他通路消費的新客群，帶來市場大餅重分配效應，再添業績成長新動能。

許多人經常將「促銷」（SP, Sale Promotion）和「行銷」（Marketing）畫上等號，以為經常降價打折，就是在做行銷。這樣的誤解，很容易讓一家店走回價格戰的老路。

集點、折扣、抽獎，各有任務

「行銷」要發揮的功能是，從品牌主張的高度，整合產品資訊提出相對應的價值，或創造情感性的需求，驅動人們產生消費行為，並帶給顧客最大的滿足感。至於「促銷」，則多是針對特定商品或服務，提供如價格折扣、試用推廣等短期誘因，吸引更多消費者注意，產生熱烈的購買行為。

廣義來說，「促銷」也可視為「行銷」的一環，都是促成購買行為的產生，只是一個重視短期效果，一個著眼消費者長期行為改變，使用的工具和評估效果的方法也不同。但若能以「行銷」的戰略高度，有系統地規畫「促銷」活動，則能發揮「全店行銷」強大綜效，提升一家店的品牌力。

綜觀全聯一整年的店頭促銷議題，可以清楚看到背後完整的行銷戰略邏輯（見圖14），而依贈品的可得性和價值感，由高到低進行區分，可將全聯主要的店頭促銷活動，區分為若干類型：

在農曆春節開市時，舉辦的福袋抽賓士大獎活動，屬「可得性低、價值感高」的類型，雖然得獎人數極少，但卻能吸引大量新客加入排隊人潮。DM上的印花特價商品，或限時推出的折扣商品，則歸在「可得性高、價值感低」類型，可有效帶動店頭衝動性消費。至於集點兌換活動，由於需要累積多次消費，贈品也有相當的市場價值，算是「可得性不低、價值感偏高」的類型，主要在於鞏固主力消費客群。

此外，再加上「福利卡」的會員積點回饋，即形成了由點到面，全店行銷的綿密戰火，除擴大打擊面，接觸到新、舊不同類型的消費客群，提高來客數和客

圖 14 全店行銷的邏輯

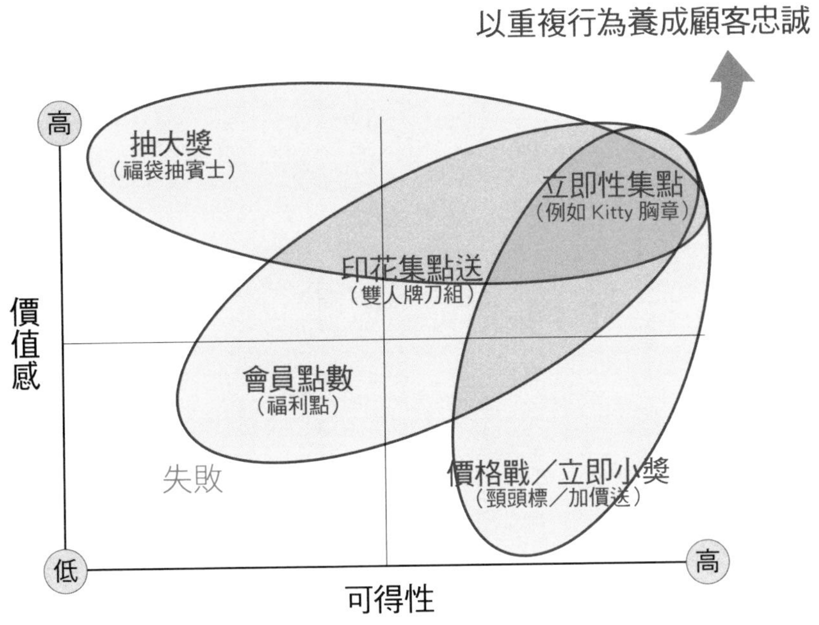
以重複行為養成顧客忠誠
高
抽大獎
（福袋抽賓士）
立即性集點
（例如 Kitty 胸章）
印花集點送
（雙人牌刀組）
價值感
會員點數
（福利點）
失敗
價格戰／立即小獎
（頸頭標／加價送）
低
高
可得性

單價，更促進重複購買行為，達到建立顧客忠誠關係的目的。

找到神器，將「傳播」化為「傳動」

很多店家之所以陷入價格苦戰，常因停留在溝通單一商品的價格層次，讓顧客很容易產生比價的反射性回應。品牌行銷工作者的任務之一，就是將顧客目光從單一商品移到完整企畫的行銷議題，找到多數消費者都能產生共鳴的話題。

但永遠要記住，品牌行銷並非只在「傳播」（communication）觀念或話題，那就只是在做廣告了，而是還要達到「傳動」（communi-action）的效果，也就是當溝通完行銷議題時，消費者還要立刻採取行動，如此才能引爆品牌影響力。

要將「傳播」轉換成「傳動」，關鍵在於，每家店是否能找到產生品牌傳動效果的「神器」，藉此神器當作施力點，槓桿操作行銷議題，才能帶來業績成長的動能。除抽大獎活動、印花集點等全店行銷方式，推出可愛代言人的「角色行銷」，也是理想的傳動神器之一。

因此，二〇一五年初，全聯「福利熊」便在這波品牌改造中誕生，福利熊最大特徵就是頭上帽子，可瞬間拿下來變購物袋，表達總愛在全聯買東西的習慣。更首開超市通路之先，設計多款表達喜怒哀樂表情，或用菜籃裝滿愛心表達愛意等的「福利熊」LINE貼圖，吸引近一千萬人下載成為官方帳號好友，透過虛擬方式，走出店外黏進消費者的手機裡頭，隨時隨地傳遞品牌溫度，成為和消費者培養深厚情感的另一個起點。

關　　於
「集點行銷」

大店長

To be

「把原本打算做『促銷』的預算，拿來做『行銷』活動。」

&

Not to be

「拿出誠意和創意帶給老客人驚喜，而不是老用折扣收買他。」

我的

To be

Not to be

教戰守則

設粉絲團養客，建立互動、互信

11

社群行銷

隨臉書 FB、LINE、Instagram 等通訊軟體大量普及，這類社群媒體（Social Media）不但改變資訊傳播的型態，更已成為品牌行銷的重要工具。「社群行銷」（Social Media Marketing）要談的，便是透過各種社群媒體平台，讓品牌快速引起顧客的注意，進而引發雙向互動和對話。

但只有新創品牌或定位為潮店，才需要做社群行銷嗎？當然不是，因為，網路與社群媒體的興起，已從本質上改變了消費者的行為。

傳統的廣告理論認為，消費者從接受行銷訊息，到發生購物行為之間，要經過引起注意（attention）、產生興趣（interest）、培養慾望（desire）、形成記憶（memory）和促成行動（action）等，稱之為「AIDAM」法則的不同階段心理過程。不過，進入網路大量普及的時代，全球最大單一廣告公司日本電通集團（Dentsu），則是提出「AISAS」（attention、interest、search、action、share）新模式，強調產生購物行為之前，網路上的主動搜尋（search）和分享（share）行為。

不管是「AIDAM」或「AISAS」，社群行銷在消費者行為中，扮演的即是引發注意、搜尋或分享等角色。也就是說，創造品牌和顧客的緊密「互動」，重於促成購買產品的「行動」，才是社群行銷最重要的任務，這也涉及了，要以什麼作為經營社群行銷的KPI？

因為強調「互動」，因此在臉書粉絲團就不能只看粉絲人數，還要看有多少比例的粉絲按讚、留言或分享，從而建立對品牌的認同和信任，否則若只是撈到一群為了打卡拿贈品的臨時粉絲，不只浪費行銷資源，對品牌長期經營來說並沒有幫助。

同樣要釐清的常見誤解還有，雖然社群行銷是運用「自媒體」（Owned

Media），傳播品牌相關訊息，但切忌把在電視或報紙等「付費媒體（Paid Media）刊登的廣告內容，原封不動搬到社群媒體上宣傳，因為，一旦當粉絲發現官方粉絲頁別有居心，只是想藉免費宣傳的管道來賣東西，違背分享交流和交朋友的初衷，粉絲很快就會轉頭離你而去。

從全盤的行銷戰略角度，「社群行銷」也是建立０２０（Online To Offline，線上到線下）連結，產生品牌傳動（communi-action）效果的重要「神器」之一，當一個品牌事件，透過線上粉絲頁的討論、分享，擴大在網路上的傳播聲量，引發顧客主動推薦口碑效應，線下賣場商品因而熱銷不斷，社群媒體就可說成功扮演了助攻角色，達到帶動業績成長的行銷目的。

實戰

大搞「鬼行銷」，黏住年輕消費客群

幾乎所有品牌進行改造時，都面臨到如何吸引年輕消費者成為新客源的難題。

在正式啟動品牌改造前，全聯分析全台八百萬「福利卡」會員的年齡分布，發現三十歲以下的會員只佔九％，比全體人口結構還要老，半數以上的會員是落在四十五歲以上的年齡層。如何做行銷，才能克服年輕人走進全聯消費的摩擦力呢？

特別是未來十年，誕生於一九八〇至二〇〇〇的千禧世代（Millennials），人數將比戰後嬰兒潮、X世代都還要多，是支撐全球經濟和消費力量的中堅。高盛銀行（Goldman Sachs）出具的研究報告提醒企業經營者，必須重視千禧世代的差異，因為他們是第一代數位原住民，了解世界的方式是透過網路與社群，購物時會先上網比較價格與相關評論再做決定；這群人同時也是共享經濟的擁護者，重視使用權而非擁有權，例如多以租車取代買車。

埋梗讓閱聽人感興趣，引發參與討論動機

為加強和年輕客群溝通，二〇一六年的中元節檔期，全聯攜手奧美廣告，從社群行銷切入，發動一系列的「鬼行銷」，拿陰間好兄弟當梗推出網路短片，按下手機螢幕上的「RIP」鍵（rest in peace，祈求往生者安息之意），就能在短片看到另一個世界的遊魂，由於Kuso、有趣，讓人迫不及待想和好朋友分享，引發臉書瘋傳，不到十天，便有超過八十萬人搶看這則短片，官方粉絲頁總計吸引近千則粉絲留言，一系列中元節企畫貼文，網路上的總觸及次數更高達三百萬人。

分析成功原因，為社群行銷量身打造的短片深具「互動」性，是一大關鍵。有別過去全聯粉絲頁，只是將電視廣告或平面稿直接複製轉貼，溝通形式過於單向，引不起網友興趣。「鬼行銷」發揮創意，轉為針對社群行銷特性製作的「RIP」版本，不只超有「梗」，更跳脫中元節檔期間多數賣場價格「促銷」的俗套，內容簡單且讓人會心一笑，都是引爆病毒式傳播效應的因素。

這現象說明了，自媒體當道，消費者接受資訊的管道十分多元，品牌行銷已無法再用餵養內容方式，吸引到消費大眾的注意，埋梗讓閱聽人感興趣，引發參

與討論動機，才是網路行銷最有效的做法。

「負能量」當主題，道出上班族內心渴望

多數商品廣告，銷售意圖過於明顯，網友一眼就看出宣傳目的，搶不到眼球也缺乏分享誘因，因此，全聯針對年輕消費族群設定行銷議題時，逆向思考，謝絕歌頌商品神效的傳統廣告，也不打「高、大、上」的假掰形象牌，幾波引發熱議的社群行銷，共同特色都是改走解壓、自嘲，甚至帶點「負能量」的路線。

例如，夏天主打的啤酒季，社群行銷的傳播內容，看不到帥哥美女的高顏值畫面，而是點出喝啤酒喝太多恐發胖，加速讓小腹「結成一塊肌」的殘酷真相，反引發網友共鳴，成功刺激啤酒銷量上衝。

還有，全聯 OFF coffee 現煮咖啡上市時，一改市面上多數咖啡品牌行銷時，常見的左岸文青風，提出「做牛做馬之餘，也要記得做自己」、「休息就休息，不是為了走更長的路」等另類文案，道出上班族內心集體渴望，短短二十四小時

之內，即帶動萬人留言討論，以及超過百萬人次的網路觸及次數，成效超越一般付費貼文，更引發網友走進賣場嘗試新產品的興趣。

當然，大膽逆向操作、語不驚人死不休，固然迎合網友的重口味，也同時存在風險。拿中元節的鬼行銷來說，萬一好兄弟的梗玩過頭，拿捏不好造成反效果，說不定會讓消費者逛全聯賣場時，產生聯想心裡感覺毛毛的，無端增加品牌管理風險，但不夠驚悚又引發不了網友注意，確實是行銷思考的兩難。

不論玩搞笑或飆創意，切記，所有的行銷思考，一定要回到和品牌價值主張產生關聯的原點。國內外都曾有商家，拿「二二八」和平紀念日，或「九一一」慘案的數字，當成行銷素材大肆宣傳的負面教材，對受難者家屬造成再次精神上的傷害，是極不恰當的做法，值得所有店家警惕。

有鑑於此，全聯的鬼行銷刻意營造人鬼之間溫馨連結，讓活見鬼也有溫度。背景畫面是在白天，不致給人不舒服的恐怖感覺，反覆傳達「存好心、備好料、做好事」的廣告金句，緊扣品牌積極塑造的公益形象，傳播品牌價值主張於無形，顯然事先已深思熟慮，做好負能量行銷的風險控管。

小編及時回覆網友，波段操作引論戰

但光有精彩創意、過人膽識，仍不足以成就一個精彩的社群行銷戰。

如同一場成功選戰，除了要有形象好的候選人，和端得出牛肉的政見之外，一定還要有善於炒熱議題的操盤手。在全聯發動的行銷戰中，扛起操盤重責大任角色者，正是隱身在粉絲團背後的神祕人物——「小編」。

一系列的中元節行銷戰，第一波由電視廣告先發動，第二波才是上檔「RIP」網路短片，接續的第三波則是「鬼話人間」，邀請網友參與網路徵文活動，不只集中火力更波段操作，而官方粉絲團小編，扮演的正是掌控行銷節奏的重要角色。

用物理學的滑輪力學原理比喻，在一系列的行銷活動當中，事先做好規畫的活動排程，如誓師起跑、廣告上檔或賣場活動，可視為有中心軸的「定滑輪」；突發的新聞花絮、競爭對手回應，或引發擦槍走火的網路風波，則可想成是「動滑輪」。

定滑輪是固定不動的行銷主軸，但動滑輪可帶來省力效果，小編針對網友留言的神回覆，引發的後續熱烈討論，或媒體跟進報導，就是發揮動滑輪效應，加速行銷話題發酵擴散。像這樣善用滑輪波段操作，也常見於選戰過程中候選人的議題交鋒，越回應效應就越擴大，宣傳起來就更省力（見圖15）。

網友不會想和「品牌」產生互動，但會因為和小編對話，對品牌產生好感，因此為強化社群行銷，在網路上黏住更多年輕消費者，改造後的全聯開始有全職小編，對網友每一則留言，小編不但及時回覆，偶爾還故意錯發貼文，引發論戰再向網友道歉，不但因此帶動粉絲團人數再成長，貼文按讚數和分享數也激增許多，粉絲紛紛自動化身品牌行銷的最佳傳播者。

從全聯的例子可以看出，未來小編在社群行銷，將是一個更具專業的發言角色，尤其，當臉書已成為許多品牌或店家，對外最直接快速的溝通平台，小編除了貼文、回文，要有完整策略規畫，並不留痕跡帶出最新行銷訊息之外，還要具備四兩撥千斤化解網友負評的好ＥＱ。這也意味著，過去由基層人力兼職，或讓實習生負責經營官方粉絲頁的做法，不管是職級或職能，恐已無法勝任未來社群行銷的需求。

圖 15 滑輪作用示意圖

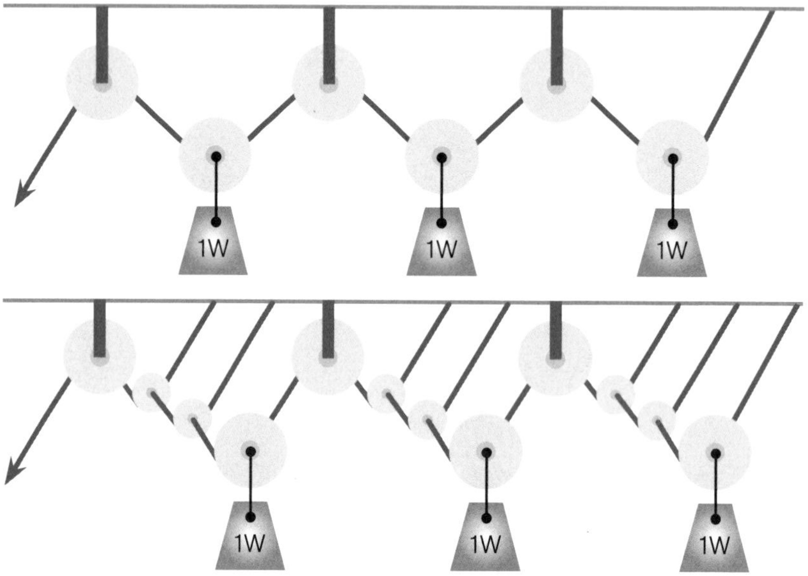

定滑輪是事先做好波段操作規畫，
動滑輪則是視市場變化做省力操作。

關 於
「社群行銷」

大店長

To be

「善用『小編』扮演品牌公關角色，和客人交朋友。」

&

Not to be

「臉書粉絲團上，不談錢、不做生意、不搞假掰。」

我的

To be

Not to be

教戰守則

影響意見領袖，勝過街頭大聲叫賣

12
價值行銷

行銷大師科特勒（Philip Kotler）說，真正的行銷，是一種價值創造和傳送的過程，讓商業不再只是單純利益交換，而是更具理念導向的經營行為，其中，最重要的就是價值選擇。

科特勒將行銷演進的歷程，概分為三階段。

「行銷一・○」，企業只是在賣產品，如同福特汽車創辦人亨利・福特（Henry Ford）所說的：「無論你需要什麼顏色的汽車，福特只賣黑色的車。」產品功能是最主要的賣點。

「行銷二・〇」，消費者消息靈通，能輕易比較出類似產品的差別，企業賣投消費者所好的產品，強調「顧客至上」，必須重視市場區隔和差異化，才能刺激消費。

進入「行銷三・〇」時代，一・〇、二・〇依然重要，但企業還要結合自身使命和願景，提出能和消費者的心靈產生共鳴的價值，企業存在是為達成人類共同的願望，既要符合消費者的物質需求，也要滿足其精神面的認同，是一個以價值為導向的競爭模式。簡單的說，不只要賺消費者的錢，更要贏得他的心，才是致勝的商業模式。

行銷之所以有這樣的演進，來自時代背景，從工業革命、資訊革命，來到網路革命，大多數產業商品供過於求，競爭者間的產品同質性高。更關鍵的是，資訊傳播方式劇烈改變，自媒體普及，每個人既是資訊的消費者也是生產者，顧客不只檢視品牌、產品和服務的各個面向，更要求參與和監督企業經營的各環節，並進行意義和價值判斷，好公司因而得到更好、更大的利益，而壞公司也會因為被過度關注、評論，加速走向衰亡。

回到台灣的商業情境，總體經濟已告別快速成長階段，進入穩定成熟期，小眾市場、風格經濟崛起的同時，人們開始討論公平交易、社會企業，或在地小農等，這類公義性價值的追求，也成為越來越多品牌，進行價值行銷的論述基礎。

反映在服務業的消費行為，顧客期待好「食物」，也追求好「服務」。市場需求從「吃飽」走向「吃巧」，人們不只要求「品質」，更在乎「品味」，甚至是店家的「品格」，一連串轉變背後，隱含著所有企業和品牌，必須提升到「行銷三・〇」的戰略高度，爭取社群意見領袖認同，擴散口碑影響力，才能延續競爭優勢。

到了這個階段，行銷工作涵蓋的，已不再只是做好宣傳提高品牌知名度，而是要能精準論述品牌理念和價值，並運用數位工具有效傳播，看起來不但像是一門哲學，且已跟企業經營深刻地綁在一起。因此，如何找到能和消費者產生共鳴的行銷議題，達成增加來客數、創造業績和利潤的行銷目的，又要符合社會對於公共利益期待的三贏方案，便是行銷人員的最大挑戰！

全聯進行品牌改造，師法的行銷學，正是科特勒的「行銷三・〇」。

實戰

找到故事施力點，扭轉拚價格形象

企業領導人的日常經營管理，或參與公眾事務時，是否與品牌主張一致，是進行價值行銷時，顧客必然檢視的事實基礎。

一九九九年，台灣發生芮氏規模七．三級的九二一大地震，重創中部地區，當時接手全聯福利中心，還不到一年的全聯實業董事長林敏雄，巡視南投埔里店、台中霧峰店和東勢店時，眼見當地民生物資供給嚴重不足，立刻指示開倉賑災，就地將賣場內的民生用品、食品等全數捐出，解決災民燃眉之急。

此舉，成為全聯日後打造公益賣場，以社會企業為經營思考的起點。

二〇一五年七月，第一四四四期《商業周刊》封面題目，大篇幅報導「老鷹先生」沈振中，一生記錄老鷹蹤跡的故事，揭露因農人栽種紅豆時使用農藥毒餌，導致麻雀等禽鳥誤食，食物鏈最後端的老鷹數量因而大量消失，嚴重衝擊生態平衡。

從贊助拍紀錄片，到賣紅豆麵包

以〈消失的老鷹〉為標題的報導見刊後，引發百萬讀者對這個生態議題的關切，林敏雄也是其中之一，他被報導中一張照片震撼住了，那是屏科大學生圍成半圓，正面對約莫三千隻被農藥毒死的鳥塚默哀。身為全台最大生鮮通路的主事者，他自認不能坐視不管，必須採取行動。

全聯的具體做法有二：

「傳播」。主動找上製作團隊，出資贊助環保紀錄片《老鷹想飛》，進行偏鄉百場巡迴播映，讓保育的觀念深植人心。

「傳動」。以通路商身分，高出市價近兩倍價格，向施行友善耕作農法的屏東紅豆田農友，契作認購二十五甲友善紅豆，製成紅豆麵包和銅鑼燒，在全台超過八百家全聯上架販售，用實際作為，攜手和土地、農民、消費者，追求更健康安全的生活環境。

從價值行銷的角度，全聯等於是以搶救老鷹的議題做槓桿施力點（傳動「神器」），當引發的議題傳播效果越大、越多人關心，代表「施力臂」越長。契作紅豆田、製成麵包等商品販售，則是對市場進行「施力」，「施力」乘上「施力臂」，帶來全店生鮮烘焙商品銷售的槓桿能量，儘管虧本收購高價友善紅豆，卻換來消費者對品牌的好感與信任度（見圖16）。

效法日本「道之驛」，號召小農進駐賣場

依循「行銷三・〇」的架構，全聯將「價值行銷」分為精神行銷、協同行銷與文化行銷，每一個面向都有代表性的角色。「協同行銷」是由可愛代言人福利熊，擔任社群活動的品牌大使。「文化行銷」的公益活動場合，則由藝人江蕙和全聯先生擔任代言人。「精神行銷」的領導人，除董事長林敏雄，任務更重的是總裁徐重仁。

身為品牌改造的靈魂人物，徐重仁花最多時間的，是思考如何改造台灣農業。他提出以嘉義、雲林等農業大縣為出發點，結合在地所有小農，效法日本設在公路旁的「道之驛」，採取地產地銷模式，全聯則扮演展銷公益平台，提

圖 16　槓桿與支點示意圖

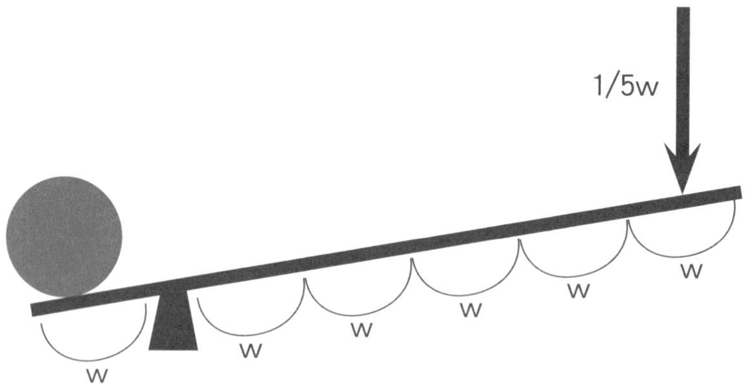

「給我一個支點，我就可以撐起地球」

～古希臘科學家阿基米德

供陳列專區，農家可自行上架最新鮮的農作物，且價格自訂，全聯僅收少許管銷費用。

除此之外，有感台灣務農人口高齡化情形嚴重，發展農業必須有新一代接班，為協助年輕人返鄉務農，徐重仁成立「親農學堂」，透過巡迴講座、分享交流，建立二代小農交換經營心得的社群平台。

一系列與農業議題相關的公益活動，除強化全聯在新型態農業的話語權，從價值行銷角度，全聯針對台灣農業長期以來產銷失衡的困境提出解決方案，實現人們心中追求與土地共好的願望，帶來的情感滿足與深度共鳴，目的之一，便是扭轉長期以來被視為價格折扣店的刻板印象（見圖17）。

為展現品牌改造決心，全聯也曾重新定位品牌理念。

二〇一二年底，沿用十多年的「實在真便宜」訴求，砍掉重練，調整為「買進美好生活」，便宜的核心價值沒有改變，只是加入更多感性的元素。二〇一五年推出的「全聯經濟美學」，一系列文案例如「長得漂亮是本錢，把錢花得漂亮是本事」、「知道一生一定要去的二十個地方之後，我決定先去全聯」等，即強調節儉也可以是很潮的消費主張，進全聯省下的錢，更可以實現夢想，過更好的生活。

圖 17 全聯行銷 3.0

發揚林敏雄董事長讓利精神，打造公益賣場，
以社會企業的概念，為員工及顧客實現美好生活的夢想。

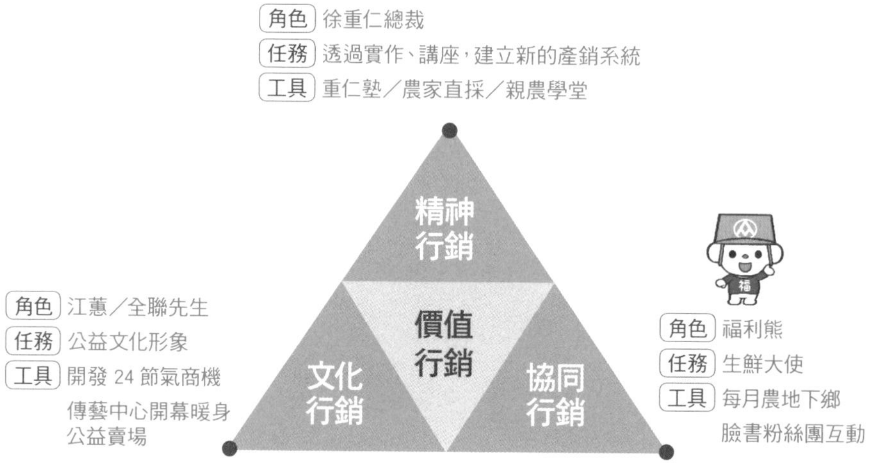

該買什麼回家滿足生活需求？行銷讓文化成為商品

位在宜蘭冬山河畔的國立傳統藝術中心，二〇一七年起，由全聯善美的文化藝術基金會進駐營運，這是全聯價值行銷的最後一塊拼圖。

全聯以基金會為傳藝中心園區的營運主體，承諾十五年內至少投資五億元，獲利全數投入園區發展，虧損則自行吸收。這樣一個賺錢機率等於零的公益事業，究竟能對品牌帶來什麼加分？

答案必須回到全聯實踐公益賣場的經營初衷，這也是為什麼，請來品牌長期公益代言人江蕙等人，出任善美的基金會董事的原因。除了公益之外，傳藝中心更是全聯進行文化行銷，最重要的場域。

但經營生鮮超市和推廣傳統藝術，兩者有什麼文化上的關聯性嗎？

「生活型態」是解答的關鍵字。

全聯的業績統計顯示，每個月初一、十五，是週期性的業績高峰。換句話說，全聯許多消費者是看農民曆過日子的，因此，對應一年二十四個節氣，全聯一年也有二十四個行銷檔期，這樣的消費行為，是和便利超商、大賣場最大的不同之處。更進一步推敲，過農曆的生活型態，背後的生活內容，一定包括中元節、中秋節等，各種民俗節日與祭典儀式，重視的是人與土地的關係，這些常民生活的內涵，其實正是傳統藝術文化的根源。

當清楚定位生鮮超市是一門最「接地氣」的生意時，傳統藝術便成為文化行銷的最佳制高點，用最潛移默化的方式，引導人們該怎樣認知生活價值，什麼是美好生活該追求的，從而決定，該買什麼東西回家滿足生活需求。

關　　於
「價值行銷」

大店長

To be

「言行合一，用行動證明你的品牌理念。」

&

Not to be

「價值不是自己說了算，店家只能定價格，價值是由顧客決定的。」

我的

To be

Not to be

Part 3

品牌永續

一家店這 Young 永遠在

前言

春水堂不只賣珍奶，而是美好的存在

一九八三年的台中市四維街，是春水堂人文茶館誕生的地方，也是當時引爆台灣餐飲業泡沫紅茶熱潮的發源地，在極盛時期，短短百來公尺之內，便擠進十來家大同小異的茶飲店。

根據財政部二〇一五年公布的稅賦統計資料顯示，全台包含手搖茶店、咖啡館、冰果室的「飲料店」，總共約有一萬七千家。其中，品牌數近百個，大街小巷可見的手搖茶店，總數超過九千多家，台灣每年賣出的手搖飲品超過十億杯，市場規模超越早餐店和火鍋店，是連鎖加盟產業中的第一大業態，毫無疑問，也是市場競爭最為激烈，品牌快進快出成為常態的業態。

歲月，往往是映照出一家店品牌價值的最佳顯影劑。如今，四維街的茶飲街盛況已不復見，但春水堂創始店的茶香不散，且已重新定位為「世界珍珠奶茶發源地」，成為台灣手搖茶飲的文化地標。經營戰場更放大千百倍，走出台中老城區全台展店，相繼插旗東京、橫濱、福岡和香港等城市。當年始於八坪小店的品牌，經過三十多年來的細心灌溉，如今亦擴張為擁三百家門市據點、員工數達千人，枝繁葉茂的跨國茶飲集團。

論店數規模，春水堂在茶飲界雖非排名第一，但在消費者心目中的品牌價值，卻難有茶飲同業能超越，也和小籠包界的鼎泰豐一樣，把握每一次和國際友人互動機會，多次受邀成為各國國際旅展常客，足跡遍布日本、香港，甚至德國柏林、義大利米蘭等歐洲城市，因而成為許多觀光客心目中所認知的台灣味。兩者雖都是做一方生意起家，卻以全球市場為品牌推廣範圍，既是在地「根經濟」，也是跨越地理藩籬的國際化生意。

以超過百年為時間尺碼，將品牌做強、做深、做潮，卻不以做大為優先考量，利潤的戰線拉得很長、很遠，是春水堂立業時定下的獨特信念。落實在品牌成長策略，則有二〇〇五年創立的「茶湯會」加盟體系，進入街邊茶吧的冷飲茶主戰場。闢「秋山堂」精品茶庄，提供小壺泡的茶文化深度體驗，扮演守護家族品牌的「神主牌」。結合調茶與西式輕食的「Mocktail瑪可緹」，則擔綱商品創新實驗室的助攻角色。

正因為以一百年、三代人以上的生命積累，作為事業經營目標，品牌承先啟後的重責大任，特別是國際化布局任務，便落在二代傳人劉彥伶身上，循歐洲精品品牌與日本百年企業的傳承之道，以家族血脈相繫，貫徹職人精神，視品牌經營為一種理想、樂趣和責任，致力將茶飲品牌昇華至茶文化事業的層次。

從小養成於茶香世家，放洋留學累積跨文化生活經驗，並擁有花藝教授資格的劉彥伶，代表的正是許多台灣服務業品牌，典型的繼承者角色。

有別於第一代創業者白手起家、以戰養戰，考驗這群繼承者的，是如何以自身生活涵養、國際視野和美學品味，再思創新重啟格局，帶領品牌走出台灣一地，更深入人心。要比拚的目標，已不再只是產品開發、店數成長的短期KPI，賣的更不是一杯珍珠奶茶，而是藉由茶藝分享創意，傳遞近悅遠來人情味，讓台灣的生活產業，成為華人乃至亞洲服務業的典範級品牌。

這也才是真正的「夢想店」，所當追求的境界。

教戰守則

斷絕小店式的經營思維

13

「斷」，斷絕小店心態

品牌、企業和人一樣，都會歷經不同生命週期，每一個發展階段都有不同的成長任務。

剛進入市場的「新創階段」，產品差異化和市場開發能力，是能否順利存活下來的關鍵。到了複製成功規模擴增的「成長期」，是否投注心力建立制度與培養人才，考驗領導人的遠見。至於處於「成熟期」的品牌，要面對的則有包括進軍國際市場、翻新商業模式等挑戰，一旦轉型成功，便能將品牌推向「昇華期」的下一個高峰。若是被短暫成功綁架，或發動變革失敗，就恐落入成長停滯的「衰退期」，最後被迫不得不退出市場。

台灣的產業特色，是中小企業占絕大多數，八成為服務業，創業動機強烈，打拚精神令人佩服，但普遍存在一窩蜂、打帶跑式的淺碟經營思考，以致企業難進入成熟期、昇華期等週期階段，未老即先衰，無法享受經營品牌帶來的長期利基。

經濟部公布的《二〇一五年中小企業白皮書》，年營收新台幣一億元以下、員工總數不超過一百人的中小企業，台灣總計有一百三十五萬家，占全體企業家數的九七・六%。其中，經營年數超過十年者，約占整體中小企業五成，遠低於大企業的七成五。經營年數超過二十年的，則只占整體中小企業二成四，但大企業的比例卻逾四成。

商業競爭比的不只是「打天下」本事，而是包括一連串對應經營環境變動的「治天下」的能耐，勝敗取決於戰術、戰略，以及經營者的格局和視野。企業規模大，固然資源相對豐沛，存活機率較高，但可別忘了，所有大企業都是從中小企業開始起步的，差別不在規模，而是經營心態。

打帶跑式的小店思維，和大企業的正規軍戰法，最大不同之處在於，前者只專注在產品的競爭優勢，聽說什麼好賺就做什麼，追求短線獲利的生意人心態。後者則是以感動顧客、得到市場認同為使命，致力鞏固信念、價值觀等核心價值，重視的是品牌深度和永續經營，如此企業始有可能賦予品牌主張、個性和靈魂。

分析營運成本的構成，也可看出一家店，是仍停留在賣產品的思維，還是已進階到打造品牌的層次。若是後者，營運成本的支出項目，就不會只有原物料、人事費用、水電和房租等，而是至少還編列了教育訓練、研究發展（R&D）和行銷公關等預算項目，藉由人員軟實力提升、生產技術更新，以及進行必要的市場溝通，不斷累積品牌價值，而不是只談CP值。

當資訊傳播已無國界，加上各行各業的跨界競爭更甚以往，商品的取代性越來越高，特別是生活服務產業，跨入門檻普遍不高，無法光靠產品維繫生存競爭力，如何斷絕靠避稅、模仿跟進，或一人決策的短線心態，經營深化品牌價值，是小店能否順利「轉骨」的關鍵。

實戰

開三家店設總管理處，顯示百年經營雄心

服務業的開店經驗法則是，熬過第一家店的創業期階段，開始複製成功經驗，當開出三到五家分店時，是經營阻力最小的甜蜜期。

一來，店家已經摸清市場需求，並在消費者心目中建立一定知名度和口碑。二來，內部作業流程逐漸標準化，人手相對較充足，各店之間必要時可相互調度支援。且因稍具規模經濟，不管是物料採購或管銷費用，成本都比單店低，能創造較佳的獲利水準。

但最容易的階段，卻也是最考驗經營者企圖心和事業格局的關鍵時刻。有人抱著撈一票心態，趁機獲利出場。有人決定朝永續經營的方向前進，看長不追短，但無論如何，都必須有所抉擇。

和逆水行舟一樣，事業經營不進則退，一門好生意帶來的超額獲利，必定吸引市場競爭者加入搶食，是基本的經濟學原理，一旦在「舒適圈」停留太久，無法趁資源相對充裕時墊高競爭門檻，接下來很快就

會面臨到同質化的市場削價競爭，或團隊成員看不到事業前景，人才流失或遭被挖角等困境。

建立後勤系統，賺管理財、品牌財

反之，如能把握資源相對充沛的成長黃金期，投注資源建立後勤系統，開店才能賺「管理財」、「品牌財」的穩定報酬，而不會只仰賴「勞務財」和短暫的「機會財」。

一九八七年，春水堂在成立第四年，開出三家店時，成立獨立的管理部門，辦公室落成之後，立刻著手三件事，首先是成立「春水堂」公司，申請商標專利權。二是擬定各項管理制度。三是推動e化管理。

此時的總管理處，人員非常精簡，除由創辦人劉漢介擔任總經理外，只有四個人，除一位是新加入的財務人員，其他三位都是門市出身，具有豐富實戰經驗的資深夥伴。其中一位還是把菜市場買來的粉圓加入調味紅茶，獨創出「珍珠奶茶」的研發部主管林秀慧，另兩位則是負責工務修繕的總務主管，和建立年薪表、人員考核和獎金制度的人資主管。

不像如今只需一個平板電腦，就能進行小店的資訊化管理，三十多年前，電腦可是昂貴的企業設備，光e化就是一筆不小的投資。且管理部門一個月的支出總額，相當於一家單店的開銷，等於多投資一家不會產生任何營收的分店，這樣的決策，對一家靠賣一杯杯手搖茶生存的店家來說，需要遠見和魄力。

但隨店數再成長，總管理處的重要性越被彰顯，成本也越低。回頭看，總管理處的成立，不但是帶來成長的跳板，更是永續經營品牌絕對必要的一筆投資。

早在成立專職的管理部門之前，春水堂就是一家重視管理工作的公司，開始有第二家店之後，不但每天對帳，每個月還要挪出一天，全員到齊進行地毯式的物料盤點，並由負起門市經營責任的店長對查核結果負責，可說落實所有權和管理權分立的店長制，店裡不再凡事老闆說了算數。

落實所有權、管理權分立的「店長制」

在一般大企業，因為組織運作較為成熟，從經理、協理、副總到總經理，人人都是對職務內容負責的專業經理人，但許多小店則因延續創業初期，所有權和經營權集於一人，說好聽是老闆親力親為，然而，憑直覺做決策「校長兼撞鐘」的管理型態，未能分工授權，卻導致有效監督、輔導部屬的管理寬度（Span of management）受限，成為新創事業難進入下一個成長階段的瓶頸。

花不到三十年時間，成為全球快時尚領導品牌的優衣庫（Uniqlo），便是靠「店長制」作為管理骨幹，對Uniqlo來說，店長不是公司的手腳，而是公司的頭腦、營運的主角。

Uniqlo創辦人柳井正認知到，如果不能用全員經營的理念，鼓勵每個人把分店當自己的店來經營，只有老闆在衝業績，一家店的生意是無法做得更好的。因此，柳井正創設「超級明星店長」制度，讓店長對店鋪經營擁有部分自行決定的權力。同時，搭配和績效掛勾的薪酬制度，拿多拿少全憑店長本事，即使是一個什麼都不懂的新人，都可以最快用一年時間，通過內部檢覈當上店長；經過三年努力可成為五家分店的區域主管，再花五年時間歷練海外市場管理工作，十年之後，便能培養出足堪重任的總部高階主管。

守住初衷：對茶文化熱情不減

春水堂之所以能擺脫小店思維，發展出完整的管理文化，和創辦人劉漢介創業之前，先是在公賣局（台灣菸酒公司前身）任職過，見識過大型組織分層授權的管理效率，又去做了兩年汽車銷售員，學到人資獎懲的分紅制度，存在極大關聯。

如同蘋果創辦人賈伯斯說過的，你得相信每個人生階段體會的一切，未來都會如珍珠般連接在一起，但唯有在回顧時才會明白，這些點點滴滴是怎麼串聯的。劉漢介這一段創業前的準備，顯然造就了日後春水堂的管理基因，也是讓品牌能在競爭激烈的手搖茶市場，倖存並永續的隱形實力。

相同的道理，現場人才的準備和養成，除決定組織未來發展成敗，對服務業來說，更攸關品牌能否以一致性面貌，在顧客面前呈現。春水堂採取直營模式，每一家店都是一個獨立的家族，人事架構從基層開始，有調茶師、組長、副店長和店長，每位新人都會託付給一位「師父」，師父除必須指導徒弟調茶專業技能外，還要輔導心理情緒，以「師徒制」建立家族成員彼此關係，店長則是一家店的大師父，負責照顧所有店員。

因為人才培訓採「師徒制」，所以便是以能儲備多少獨當一面的店長，就開多少家新店的方式。在春水堂，擔任組長半年以上、通過內場實務高階鑑定者，始能報考副店長考試，除要通過品管、財務等門市管理的筆試和口試，還要測驗所有產品的SOP設定，以及包括茶葉知識和手沖功夫茶等技能。

之所以要求店長必須具備產品製作完整知識，甚至能從茶葉外觀分辨品質，因為唯有如此，才能如實傳達基於茶文化熱情，創立春水堂的品牌源起，不會因為只顧把生意做大，而失去開店的初衷。

關　　於
「　斷　」

大店長

To be

「公司要永續成長，老闆要放手，讓專業的來。」

&

Not to be

「店長不是執行者，要培養他成為經營現場做決策的執行長。」

我的

To be

Not to be

教戰守則

不賣什麼，比賣什麼更重要

14

「捨」，用捨棄顯示堅持

每家店都希望生意越做越大，通常，當一家店的生意進入成長階段，除了開更多分店，接觸更多消費者外，在品牌光環加持下，也會開始思考提供更多品項，或擴張營業項目，滿足不同面向顧客的需求。

然而，戰線一旦拉太長，除導致管理資源分散，也會造成品牌的市場定位失焦，讓消費者心目中的品牌形象逐漸模糊，成為品牌永續的最大風險之一。

但成長的誘惑實在太難抗拒，不只在台灣，太多服務業店家，便是因為擴張過快，缺乏相對的經營深度，無法在經濟規模與品牌深度之間取得平衡，從而曇花一現，就連全球連鎖咖啡龍頭星巴克，都曾犯了擴張過快，差點搞垮企業的大頭症。

二〇〇八年，星巴克創辦人舒茲（Howard Schultz）回任執行長前夕，品牌面臨的重大危機，即是擴張過快帶來的後遺症。

當時的星巴克陷入形同走火入魔的成長快感之中，無法自拔。五年內門市擴增三倍，突破九千家大關，為了衝高店數、降低裝修成本並提高坪效，店面採用流線型設計，即使空間裝潢呆板無趣也毫不在意。甚至因為想刺激營收成長，還曾大舉跨入唱片娛樂和出版業等，和企業核心能耐不相關的產業。更誇張的是，顧客走進門市時，迎面而來的竟是五花八門，和咖啡完全扯不上關係的動物填充玩具。空氣中飄散的，則是烤三明治的起司味道，就連濃縮咖啡的口味和品質，也漸漸變得不一致了。

咖啡不會說謊，這些產品缺陷，逐漸反映在節節下滑的來店人數和獲利數字上。

因此，舒茲接手改造星巴克，第一件事就是用減法思維，宣布店內停止販賣三明治。也不再公布既有店的同期營業額，從斷絕成長的誘惑著手，讓門市夥伴擺脫業績束縛，將注意力放在一杯咖啡、一個顧客、一個夥伴和一次體驗等，呈現品牌靈魂的這些「一」上，重新找回品牌的市場定位。

品牌存在的功能之一，是讓人們能快速識別出一家店。星巴克再造的例子說明了，對一個以百年傳承為縱深，打造永續品牌的企業來說，不斷深化顧客對品牌的認知和印象，想清楚不該賣什麼，往往比選擇要賣什麼，絕對來得更重要！

實戰

用「減法」為品牌加分

一家店的不同經營階段，可用「加、減、乘、除」比喻來思考。

剛創業起步時，為探索市場脈動，命中顧客需求的最大公約數，服務和商品不斷推出創新，可說處於「加法」階段。到了穩定成長期，最重要的反而是聚焦經營，思考如何用「減法」為品牌加分，把資源集中在一家店最擅長的業務；如此，擴大經營版圖時，才能發揮品牌行銷的槓桿力量，創造事半功倍的「乘法」效果。最後得以進入分享傳承，打造永續品牌的

「除法」階段。

回顧春水堂的產品發展歷程，也可印證「減法」對品牌永續的重要性。

不賣咖啡，不賣快炒

雖以珍珠奶茶作為明星商品，但春水堂初期品項只有泡沫紅茶、檸檬紅茶和百香紅茶三種，茶食也只有茶葉蛋，由於分析營業數據，冷飲銷售占總營業額的七成五，於是決定加入花茶系列，產品項目因此多了一倍，茶食則大量加入地方小吃和滷味。

而開業後第三年，成立研發部，將在地食材，如珍珠、愛玉、綠豆沙、桂圓等，融入冷飲茶，創造出珍珠奶茶等商品。茶食方面，也積極開發多種口味的茶凍系列、茶餅乾、茶蛋糕。

此時，由於搭上港星葉子媚的「波霸」稱號，珍奶旋風席捲全台，加上「開喜婆婆」登場，引爆罐裝即飲茶市場的成長，以及麥當勞等美式休閒餐廳登台，帶動國人外食消費型態，全台掀起泡沫紅茶店開店潮。很多茶館為搶客源，不但提供滷味等茶點，也開始提供咖啡、吐司的早午餐。更有店家發展出台式茶餐廳的複合型態，全天候供應簡餐、小火鍋甚至快炒類。越來越多消費者也將這類茶館，當作約會洽公、殺時間的最佳去處，很多泡沫紅茶店門口，顧客圍成一桌，一邊喝茶，一邊打牌、下棋或抽菸，成為一時常見的街景。

市場大餅急速擴張，消費者需求多元化，對品牌經營者來說，迎合市場需求讓業績快速成長，容易。但為了要讓品牌永續，堅守市場定位，向非目標消費族群說「不！」，不容易。

春水堂選擇走一條不容易的路：不賣咖啡，也不接受打牌、下棋和抽菸的客人，堅持餐食的銷售比例在四成以下，「餐」才不致因搶了「茶」的戲，讓茶飲反而淪為茶館配角。

如此抉擇，雖未必能滿足所有顧客的需求，卻為長久之計。原因在於，咖啡、快炒，並非春水堂最擅長品項，既然無法感動自己，客人也不會有好口碑，唯有不泛焦，才能贏得忠誠顧客認同，建立品牌的鐵粉部隊。

更核心的品牌思考是，春水堂創辦人劉漢介認為，茶館是傳遞茶文化的空間，為了追求業績成長把茶館變成餐廳，只會把茶館應有的情調破壞殆盡。這說明了，在流行的浪潮下，能否忠於原味，不只是一家店的經營魅力所在，更是能否傳之久遠，品牌永續的關鍵。

不外送，不接受全客製化

手搖茶飲市場競爭激烈，不但產品推陳出新，顧客需求更是層出不窮，但春水堂是個異數，既不接受客人打牌下棋、不接受全客製的要求，也不提供外送服務，店內更看不到一千西西的超大杯茶飲。

如同許多日式拉麵店，擔心無法掌控顧客不在店內食用的口感，堅持不做外帶，春水堂冰沙等部分品項不接受全客製，亦不提供外送服務，也是基於同樣理由。除維持產品的最佳賞味狀態，更重要的是，每一杯茶、每一碗麵，賣的並不只是食材物料，而是完整五感體驗，和充滿人情味的服務互動。因此，與其說是逆向思考，不如說謹守品牌創始理念。

當然，和所有店家一樣，春水堂也面臨業績成長的壓力，如何在消費者需求和「減法」思考間取得平衡，也曾經歷跌跌撞撞的摸索。

以一千西西超大杯規格飲品為例，春水堂一度順應市場潮流，在門市開賣如金魚缸般，一杯售價一百八十元的「英雄杯」珍奶，最後停止販售的主因是，從客人回饋發現，客人喝完這一大杯珍奶，反而覺得甜膩，而不是意猶未盡的美好回味，為了怕客人失去對品牌的好感，停售。

春水堂延伸產品線，還有多個不成功的例子，包括曾委由食品大廠代工，投入寶特瓶裝的即飲茶開發，在便利超商上架販售。以及將店內熱銷的「開陽麵」，製成碗麵，想和市售泡麵一較高下，雖功敗垂成，卻都是品牌在「加法」階段，嘗試創新的必要代價。

不放假花，求美更求真

走進每家春水堂，一定會看到新鮮的花藝作品，且定期更替，絕不用假花替代，光是為了營造這樣的美感，全台近五十家門市，一年總計就得多耗費兩、三百萬元的花材成本。

鮮花固然美，但人造花也可以創造差不多的視覺效果，為什麼一定要用鮮花呢？況且，消費者也未必會發現，為何還願意做這樣的投資呢？

先說茶館裡為什麼要有花的理由。

到過京都的人，都會被日式庭園內一花一草所感動，許多國人更是熱中到海外追櫻賞楓，可見花草帶給人們的感動，往往非文字所能形容。此外，回到茶文化傳統，花藝其實扮演重要的角色，在華人社會，喝茶成為生活要事，始於大唐盛世，到了宋朝，更成為精緻生活的表徵，「插四時花，掛名人畫，置奇珍異物，點妝門面」是史書對宋朝茶館的描述，而復興茶文化，正是春水堂的品牌理念。

至於堅持插真花的理由，除追求質感、美感，最重要的是，從中反映出店家真與不真的經營心態，當一家店從上到下，都抱著求真、求美的誠意做事，自然就不會賣含有香精或防腐劑等添加物的產品。這和品牌永續的關係是，假花雖可以耐久不凋，但用假花的店卻不見得如此；真的花雖很快就凋謝，但堅持用真花的店，卻能長久。

關　　於
「 捨 」

大店長

To be

「做自己，做自己，做自己，不能因市場起伏變來變去。」

&

Not to be

「這個也想賺，那個也想賺，顧客反而越不讓你賺。」

我的

To be

Not to be

教戰守則

改變視角，時時檢視品牌面貌

15 「離」，脫離昨日成功模式

《斷捨離》書中提出，「斷」：斷絕不需要的東西，「捨」：捨去多餘的廢物，不斷重複「斷」、「捨」到最後，得到的狀態就是「離」：脫離對物品的執著。作者山下英子認為，當人們能以當下為時間軸，將不需要的物品放手，只留下需要的東西，就能找到回歸原本人生態度的契機，釋放出全新能量。

同樣的，對一家老店或品牌，「斷」、「捨」、「離」思考，恰也是找回持續前進能量的品牌永續三堂課。「斷」：斷絕打帶跑的小店經營心態，

「捨」：捨去非核心消費族群，「離」：放下對既有成功的執念。

但知易行難，因為，成功是最差勁的老師，許多逐漸步入中年的企業，雖然經營有成，漸有規模優勢，但組織內部也因形成既定的文化與思考模式，自己反而成為阻礙前進的最大石頭，這也是柯達（Kodak）、諾基亞（Nokia）等標竿企業慘遭市場淘汰的原因。

哈佛教授克里斯汀生（Clayton M. Christensen）在《創新的兩難》一書中，解答了為什麼頂尖企業面對市場結構變遷時，無法逃脫喪失領導地位的命運。他指出，企業在創新時經常面臨的兩難是，應該把資源轉去製造更有價值的好產品給現有顧客？還是把這些資源轉去製造比較不重要、但顧客卻願意用較低價格來購買的產品？

由於企業發展到成熟階段，朝制度化經營，財務和法務部門的權力與地位在組織內也越來越被重視，因此，在制定經營策略時，往往投資利潤最高的產品，優先照顧最有利可圖的顧客。但也正因為成功企業只看利潤，核心客戶又常較排斥突破性的創新，使得過度專注於客戶需求的企業，無法集中精神在產品創新上，當市場出現某一種破壞性創新時，就容易錯估形勢，只能眼睜睜看著競爭對手蠶食市場大餅。

面對兩難，克里斯汀生提出的解方是，除提出改善式的連續創新，企業一定還要長出另一隻腳，提出破壞式創新的成長可能，並依「八二法則」，八成資源在既有競爭優勢的創新，另外兩成資源，則投入破壞性創新，但絕不能以現有核心事業的成功邏輯來管理，因為面對的顧客可能也不一樣。

這並不意謂棄守核心顧客，而是提醒經營者，適時換一個新的視角，從顧客的眼睛重新檢視品牌面貌，因為，顧客永遠變得比你快！

實戰

打開國際市場，搶回江湖地位

二〇一二年，德國麥當勞推出一支電視廣告，是一位中年大叔在不斷冒出繽紛泡泡的畫面，暢飲著一杯飲料，只見他邊喝邊嚼，還一邊手舞足蹈，似乎每一口都讓人備感驚喜，廣告最後一幕打出「McCafe」字樣，預告「Bubble Tea」（珍奶）即將上市開賣的消息。

這杯台灣人喝的珍珠奶茶，花了將近三十年時間，終於走進代表西方速食業龍頭麥當勞的菜單，值得高興嗎？

答案卻是否定的，至少春水堂第二代傳人劉彥伶，心裡是這麼認為的。

因為，在當時，Google 搜尋「Bubble Tea」，跳出來的資訊，看不出這個產品和台灣的飲食文化有什麼關係。以她自己在國外念書時的經驗，端出一杯精心調製的珍奶，和來自不同國家的同學分享時，多數人喝了第一口後，竟是皺起眉頭的困惑反應。

出口思維，從世界看春水堂

也就是說，珍珠奶茶，這個在台灣再尋常不過的庶民飲品，對多數外國人來說，還是陌生的。有沒有可能，就像拉麵代表日本、泡菜聯想到韓國，全世界的人們，也因喝珍珠奶茶而更認識台灣呢？與其爭辯誰才是第一個發明珍奶的店家，不如轉一個角度，脫離長期以來內銷思維，把眼光轉向無限可能的外銷市場，思考如何和全世界溝通台式餐飲的內涵為何。

這是春水堂創立屆滿三十週年前夕，劉彥伶在內部行銷會議上提出的問題。

當時，品牌面臨的最大問題，是外界對春水堂的諸多誤解，包括相對滿街手搖茶攤，高出近倍的商品售價，到底貴在哪裡？面對競爭對手也打著珍奶創始店旗號，甚至強打配方雷同的產品，該出手回應嗎？百貨賣場邀請前往設點，只願意給小型咖啡店空間，品牌訴求的茶館整體氛圍，為什麼沒被清楚認知呢？

特別是向來婉拒在媒體過度曝光，習慣低頭把事情做好，已成為組織文化的春水堂，每當有國內外媒體上門時，究竟該派誰代表發言？品牌發展歷史冗長曲折，但在鏡頭前面只有幾十秒的時間，該傳遞哪些濃縮再濃縮過的訊息呢？更缺乏應對機制。

選擇維持現況固然安全，但消費市場變動劇烈，品牌若想再跨大步，就不能一直活在自我感覺良好的世界，勢必得改變過時的保守心態。因此，重新釐清品牌理念和願景後，二〇一四年，在歡慶第一家門市「四維店」，正名為「春水堂創始店」的活動上，遂提出「世界珍珠奶茶發源地」新標語，以歡迎大家來台灣、回台中喝茶的概念，成為和大眾溝通的全新品牌訴求，也宣告春水堂正式與全世界接軌（見圖18）。

圖 18　春水堂願景與價值觀

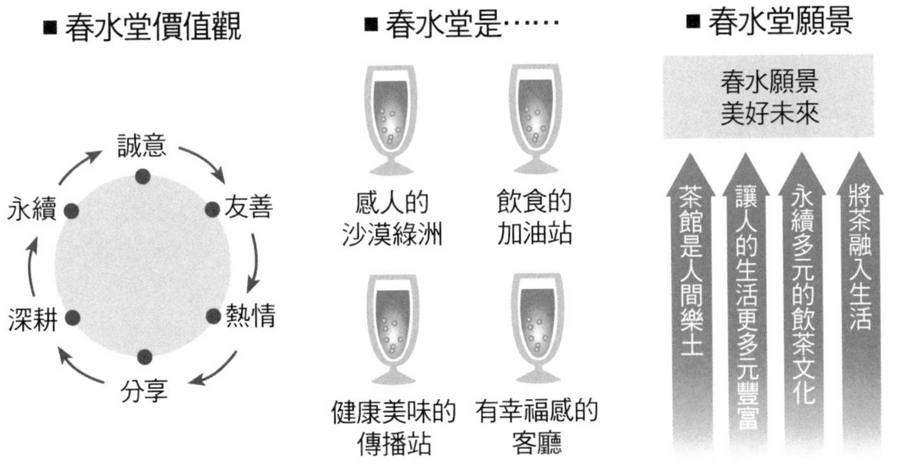

New Slogan：世界珍珠奶茶發源地。

擁抱觀光客，製作英日文菜單

然而，說起來有點尷尬，雖然將近半數的顧客，上門消費都會點珍奶，但珍珠奶茶並非春水堂創始就有的產品，甚至是無心插柳帶出的商品，且全台近萬家到處林立的茶館、茶吧，沒有一家不賣珍珠奶茶的，憑藉店內累積三十年的調茶技術和功力，能端得上檯面的產品，少說還有十幾種，為什麼要選珍珠奶茶，當作唯一的代表性商品呢？

這一點，也曾在內部引發激烈辯論。確實，放在台灣的市場環境，珍珠奶茶並不具茶飲品牌的獨特賣點，但春水堂思考的，卻是跳脫既有框架，從國外觀光客的眼中，重新定位這家店，不只強調珍奶發源自這家店，還要帶動珍珠奶茶和台灣的形象連結。

這也如同很多店家都能捏出十八摺的小籠包，但在觀光客心目中，小籠包似乎只想到鼎泰豐，並因為用餐過程留下的好印象，將鼎泰豐和台灣劃上等號。春水堂也有相同的品牌戰略思考，不只爭取珍奶創始店的話語權，更想凸顯珍奶在台灣餐飲文化的地位。換言之，身為台灣茶飲指標品牌，春水堂此時的格局，已不只是一家店如何被看見，而是茶飲和台灣，如何才能被全世界更多人深刻認識。

在提出新的品牌願景同時，內部也啟動各項變革，成立正式的行銷公關專職部門，並重新整理品牌故事，且既然要打開大門擁抱來自全世界的觀光客，菜單一併改版，成為全台第一家全面提供中、英、日文菜單的連鎖茶館。珍珠奶茶正式譯名是「Pearl Milk Tea」，翡翠檸檬茶是「Lemon Jasmine Tea」。至於傳統茶食蘿蔔糕和招牌滷味豆乾米血，則分別譯為「Turnip Cake」、「Braised Bean Curd & Rice Gao」，打破餐飲文化隔閡，外國客人點餐從此不必再比手畫腳。

此外，店頭也配合推出集點行銷活動，只要在兩個半月的活動期間內，集滿全台各分店店章，就能換得一年三百六十五天，每天一杯免費珍奶的兌換憑證，號召出近兩百位喜歡喝珍奶的重度粉絲，藉此加深珍奶和品牌的連結印象。

再攻內銷，推出珍奶文創小物

「春水堂創始店」落成，確認以珍奶作為品牌識別的鮮明意象，讓珍奶從一杯飲品，晉升為足以代表台灣特色餐飲的文化符號，一炮而紅，不但吸引國際上最具影響力的CNN報導，日本最大新聞台NHK、Discovery頻道，也相繼派遣整組團隊前來採訪，只為了尋找珍珠奶茶的起源地。

放大珍奶角色，固然成功建立品牌溝通的記憶點，但商品的連結終究只是手段，最終目的是要讓品牌與消費者心靈產生共鳴。推出各種具有品牌特色、令人愛不釋手的紀念品，便是當顧客沒有上門時，提醒他品牌存在感的最好方式之一。

如同人們前往迪士尼樂園，或欣賞「歌劇魅影」經典歌劇之後，總會想買一件紀念T恤或保留門票等實體物品，好讓自己留住當下難以忘懷的體驗。星巴克、Hard Rock Cafe在全世界分店，推出打上不同城市字樣的紀念衫、咖啡杯，成為旅人熱中蒐集的紀念品等，都是品牌發行周邊商品的典型例子，觸發消費者，向別人展示自己獨特體驗的心理之外，也宣誓粉絲對品牌的強烈認同感。

基於這樣的想法，春水堂在被國際媒體關注，品牌報導相繼「出口」，重新蓄積新能量之際，也順勢推出一系列包括文具、提袋和保溫杯等，以珍奶為主題的文創小物，賣給消費者已不再只是茶飲、茶食，而是和品牌連結的任何商品，此時顧客買的，更多的已是脫離商品本身的無形品牌價值。

關　　於
「　離　」

大店長

To be

「人人都有思考盲點，善用外部顧問，避免陷入團體迷思（Group Thinking）。」

&

Not to be

「靠成功經驗做決策，和看著後視鏡開車一樣危險。」

我的

To be

Not to be

教戰守則

三分傳統，七分創新

16 「潮」，多方尋找成長動能

不會笑，不要開店；不會行銷，也不要做品牌。行銷最重要的除了要抓緊定位，更要以此定位，貫穿所有與時俱進推出的品牌活動，不斷累積形成品牌資產。

每個人，都可以視為一個獨立的品牌，特別是明星，就是把自己當品牌經營的行業，能持續走紅的老牌明星，代表品牌管理做得好，持續帶給觀眾新鮮感，不被行業內後起新秀超越，正如同保養品廣告文案所說的：「女人有保養，老樣子，女人不保養，樣子老」。但如何才能維持「老樣子」，而不會「樣子老」呢？

在西洋流行樂壇，有女皇稱號的「娜姐」瑪丹娜，儘管將屆六十歲，仍深受全球粉絲愛戴，她不但嚴格要求自己，每天健身兩小時，一做就是三十年以上，得以維持在觀眾心目中的「老樣子」。更影視多棲，不但參與電影製作，還涉足時裝設計，每兩到三年就發行新專輯，挑戰全新音樂曲風，雖風格多變，但卻一路走來形象鮮明，歌迷不覺其「樣子老」，從品牌管理的角度，即是非常成功的長期定位效應。

歌手費玉清也是，他的「老樣子」來自一向注重儀表，穿著總是不變的窄領西裝，演唱老歌時頭仰四十五度角，且精於模仿最有話題性的新聞人物，當這樣的形象深植人心，於是，當商店響起打烊的晚安曲時，人們腦中浮現出的形象便是費玉清莫屬。任何行業都一樣，漢堡、汽車、咖啡或便利商店，每一類商品，哪一個品牌會被人們第一個想起，便表示那個品牌的「老樣子」，大大占據了人心。

「老樣子」帶來的是品牌給人的熟悉、穩定的感受，是一家老店的重要資產，但市場的新品牌總是生生不息，站在消費者的利益，每一個行業類別，似乎永遠都少一個品牌，少一個能帶領人們過更「潮」、更美好生活的品牌。換言之，老店、老品牌從來不具先天優勢，除非能夠推陳出新，發動饒富創意、有趣或吸引人的行銷事件，或翻新一成不變的商業模式，帶來不輸新品牌的新鮮感。

如同老牌明星，總是帶來讓人耳目一新的曲風，加上原本因熟悉產生的信任感，三分傳統、七分創新，才能持續成為舞台上鎂光燈的焦點。否則，品牌很快便步入沒有保養的「樣子老」窘境，到那個時候，別怪消費者喜新厭舊，要怪只能怪自己不夠「潮」。

實戰

做強、做深、更要做潮！

「品牌延伸」（Brand Extensions）是企業或品牌，進入成熟階段經常面臨的策略議題，指的是一個具有市場影響力的成功品牌，當要擴展不盡相同新產品，或接觸新消費客群時，藉由副品牌或新品牌，讓新產品借助既有品牌的影響力，降低進入市場的阻力。

例如，汽車業的豐田集團，從TOYOTA國民車，擴展到LEXUS的高級車市場；時裝精品界的

GIORGIO ARMANI，往較低價格帶推出EMPORIO ARMANI；超市通路「全聯」則是針對都會生活型態，推出i mart品牌作為區隔，都是不同行業的品牌延伸做法。

品牌若比喻為一個人，品牌延伸就像擁有一技之長的人，所培養的第二專長，有時候，第二專長可能還發展得更好，甚至在職場環境改變時，成為維持生計的另一個重要來源。

春水堂也多次以宏觀的市場戰略，從核心能耐出發，進行品牌延伸，擴展出去的「茶湯會」、「秋山堂」和「瑪可緹」，分別肩負發展新商業模式、助攻既有品牌，以及探索消費行為等不同任務（見圖19）。

「茶湯會」搶攻外帶茶吧，給消費者多一個選擇

若以十年為一個發展階段，春水堂第一個十年（一九八三到一九九三）是扎根階段，以深耕發源地中部市場為主。第二個十年（一九九四到二〇〇四）才全力擴張市場版圖，走出台中，到台北、高雄和台南等主要都會區展店，進

圖 19 春水堂家族品牌

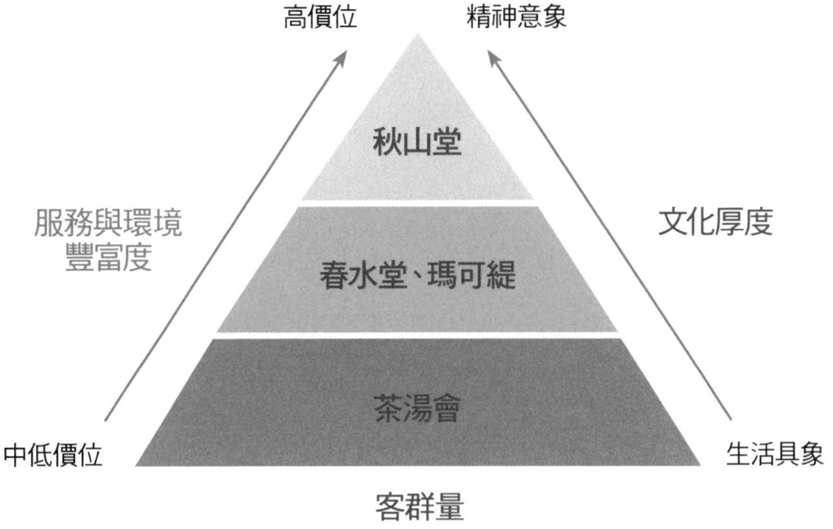
高價位
精神意象
秋山堂
服務與環境
豐富度
文化厚度
春水堂、瑪可緹
茶湯會
中低價位
生活具象
客群量

入百貨賣場開店。

到了第三個十年（二〇〇四到二〇一三），從成長期進入成熟期，則進行商業模式變革，並於二〇〇五年，有別春水堂直營模式，成立外賣外送型態的茶湯會加盟體系，和五十嵐、清心福全等品牌短兵相接。

從市場定位分析，這類外帶茶吧商品單價偏低，沒有提供茶食，產品與服務的複雜度都較低，市場進入門檻也低，必須靠規模才能勝出，屬競爭者眾的典型紅海市場。春水堂原本是不打算投注心力在此，但眼見茶吧漸成市場主戰場，經反覆思考，決定出手迎戰。

最主要考量有兩個，第一，隨春水堂知名度越來越響亮，慕名想成為事業夥伴的加盟主越來越多，但因採直營模式，沒有合作機會，紛紛轉赴其他品牌求發展，等於一再壯大競爭對手，為保護主品牌，必須轉守為攻。第二，因為沒有加盟體系，對於有創業企圖心的員工，缺乏自我實現管道，出現人才流失危機，也必須正視。

雖是提供外帶外賣服務，價位只有春水堂一半左右，卻是一家完全獨立的新公司，兩套人馬各自經營，甚至另覓辦公室新址，但因為是姊妹品牌，茶湯會不管是市場定位，或招牌字體的企業識別系統建立，都和原品牌有同樣的家族

DNA。例如，因重視品質，價位定在外帶市場屬中高價位。取名「茶湯會」，傳達以茶會友，用茶與顧客交朋友的人情味，源自和春水堂相同的價值觀。

經過十年發展，茶湯會在全台開出兩百五十家店，就店數來說，約是春水堂的五倍，也穩居國內前五大連鎖手搖茶品牌，並跨海登陸香港，對壯大集團在茶飲市場的整體市占率，反而扮演更吃重角色。

可以更有氣氛的喝茶，「秋山堂」朝精品邁進

品牌延伸，往平價化、大眾化這端移動，好處是擴張成功品牌影響力，快速進入新的區隔市場，但若操作不當，也可能帶來侵蝕原品牌銷量的副作用，或導致原品牌價值感遭稀釋，反而不利品牌永續。

也就是說，當在茶湯會就能喝到品質好的茶飲，那麼，除了提供座位外，還有什麼其他理由，是讓顧客還願意進到春水堂消費的動力，是經營團隊必須思考的經營課題。

因此，春水堂一方面發展中價位的茶湯會，另一方面，則將內部訓練茶師的秋山茶席，獨立發展為「秋山堂」精品茶庄，定位為愛茶人熱情發源地的高端品牌，結合藝文展覽，提供「功夫茶」小壺泡傳統茶道體驗，鎖定年齡約在四十到六十歲，更往金字塔頂端的消費族群，成為最具茶文化厚度的旗艦品牌。

但由於只有單獨一個據點，缺少經營綜效，秋山堂始終處於虧損狀態。堅持繼續開下去的理由是，秋山堂不只是一家店，而是呈現創業初衷，對於一個茶館應具備季節感、流行風與文化感的理想原型，代表整個企業對茶文化的觀點，扮演著守護家族品牌「神主牌」角色，如同一幅畫中的留白，積累的文質雅量底蘊，更成為穩固百年品牌地基。

中國茶道博大精深，茶館既體現庶民生活文化，也是餐飲文化的延伸，人們對精緻生活追求總是沒有盡頭，除求便利、講香氣，喝茶更是追求身心安頓的生活儀式，背後蘊含無窮的體驗經濟商機。就像到日本京都，在百年庭園感受「一期一會」茶道內涵，從茶湯、器皿、建築物到主客如何應對，無一不講究，便是將茶飲商機，從生活服務產業進階到創造更大附加價值的風格經濟層次。

如果茶湯會和秋山堂，扮演的是將春水堂「做強」、「做深」的角色，那麼，二〇一二年，春水堂創立三十週年前夕成立，目前集團最年輕品牌的瑪可緹，則是致力將茶文化「做潮」。

一定要有茶的實驗室，「瑪可緹」當創新引擎

春水堂內部教育訓練，在引導新人認識家族四大品牌時，用「慼茶」、「遇茶」、「知茶」和「玩茶」，分別介紹春水堂、茶湯會、秋山堂和瑪可緹的角色，由此亦可看出，瑪可緹擔綱「茶的實驗室」的關鍵定位。

瑪可緹英文店名「Mocktail」，意思為仿製雞尾酒（cocktail）作法，但不使用酒精的調合飲料，創作出以茶為基底的輕調合飲料，如鐵觀音拿鐵、南瓜拿鐵等，除了茶飲外，也將茶融入甜點與冰品，推出搭配珍奶或金萱抹茶的霜淇淋品項。茶食方面，更融合茶泡飯、海鮮燉飯等跨界餐飲文化，提供冷飲茶與輕食的組合。至於空間營造，則屏除傳統中式茶的既定印象，迎合網路世代消費者，呈現西式休閒餐廳空間風格設計，重新包裝東方茶飲的形象。瑪可緹店數始終維持三家以下，亦難期待短期內創造獲利，但卻是驅動品牌求新求變，不可或缺的創新引擎。

關　於
「潮」

大店長

To be

「融入顧客情境，好的行銷提案是靠雙腳走出來的！」

&

Not to be

「求新、求變不分年齡，不是只有年輕人的生意才要『做潮』。」

我的

To be

Not to be

教戰守則

引導顧客做體驗，溝通產品內涵

17

「趣」，體驗品牌理念

顧客到一家店進行消費，獲得兩種消費價值，一種來自有形商品交易，如在拉麵店便是一碗湯頭美味的叉燒拉麵。另一種則是來自消費過程感受到的體驗，雖是無形，卻是他離開這家店之後，形成品牌記憶的回味來源。整體消費價值越高，顧客對品牌的忠誠度也就越強。

進一步探討，體驗可依顧客的參與方式，分為被動和主動。

被動指的是店內人員熱情服務，以及賣場營造的五感氛圍，提供給消費者情感和審美的滿足。主動指的是透過顧客親身參與，得到的樂趣和忘我感，如在迪士尼樂園，穿上公主禮服參加變裝遊行，融入童話故事情境當中，或參訪觀光工廠時，參加DIY課程，獲得的學習樂趣。

引導顧客參與主動式的體驗活動，能帶來溝通產品內涵、傳播品牌理念的效果，特別是進行跨文化品牌宣傳，如對象是國外觀光客，透過體驗的溝通效果最直接，最容易形成難忘的記憶。

以十八摺小籠包為獨特賣點，多次獲得米其林授予星級餐廳肯定的鼎泰豐，即是最擅長運用DIY體驗活動，進行品牌文化傳播的店家之一。二〇一三年，好萊塢票房金童「阿湯哥」湯姆•克魯斯（Tom Cruise）來台宣傳新片，第一個公開行程，就是前往台北一〇一的鼎泰豐學做小籠包。在鼎泰豐老闆楊紀華親自指導下，阿湯哥穿上圍裙學做十八摺小籠包，吸引數十家媒體大陣仗採訪，不但強攻娛樂版面，電視台更動用SNG車現場連線報導。

對鼎泰豐來說，在名人光環加持下，品牌不但獲得一次免費的大量曝光，透過說明「十八摺」製作過程，也再次傳達了「細節是最完美的服務」的品牌理念。其實，早從二〇〇三年起，楊紀華即多次率領鼎泰豐廚師團隊，遠赴美國紐約喜來登酒店美食秀，以及日本等國家國際旅展等場合，透過現場實做，將小籠包蘊涵的精緻文化，分享給國際友人，形成觀光客對台灣特色餐飲的認知和印象，也間接讓鼎泰豐成為國外旅遊雜誌，推薦來台必訪的名店之一。

DIY等體驗活動所帶來的趣味性，不只跨文化，也跨越年齡限制，特別是對兒童來說，店家很難用抽象的品牌理念，和這群小客人溝通，但透過體驗活動設計，卻能緊緊抓住他們的注意力，成為品牌的小粉絲。

實戰

讓顧客了解技術含量，貴，就有道理

了解一個國家最快的方式，就是品嘗當地的傳統食物。想要讓消費者了解你的品牌，最快的方式之一，就是邀請他體驗產品的製造過程。

和鼎泰豐一樣，春水堂也從餐飲文化切入，很早就遠赴德國柏林、日本和香港等國際旅展的場合，進行品牌宣傳，端出一杯杯現場調製的珍珠奶茶，和不同國家友人分享來自台灣的好滋味。且由於全台泡沫紅茶風氣始於台中，可說是台中市的特色產業，因此，春水堂更經常受公部門邀請，成為城市行銷的亮點之一，是少見受到官方如此重視的餐飲品牌。

親身體驗吧檯後如何搖出一杯奶茶

二〇一四年九月，春水堂將台中四維路創始店重新改裝開幕，除以復刻概念，呈現創店早期的外觀樣貌，喚起老一代消費者的回憶外。改造的一大重點，就是透過策展的概念，將創始店打造為珍奶文化館，整理出包括為什麼取名為「珍珠奶茶」，以及用樹薯粉為原料的黑粉圓，和西谷米製成的波霸珍珠有何差異等，珍奶迷一定要知道的十件事，讓顧客知道調製一杯珍奶背後，每一道細節和用心。

另一個重頭戲，就是推出珍珠奶茶手搖DIY的活動，提供顧客以預約方式，由專人示範引導，運用眼觀、耳聽、鼻嗅、舌嚐和身動等多重感官，親身體驗吧檯後方是如何做出一杯好茶的。

春水堂將一個完整的體驗流程，分為三階段。

首先，是關於泡沫紅茶、珍珠奶茶發明源起的品牌故事分享；接著是專業技術的教學示範，讓參加者先看一看紅茶還沒變成茶湯前的樣子，聞一聞原片茶葉的香味；最後則是由顧客親手泡出，屬於自己味道的茶飲。

經過專人解說加上親自體驗，參加者學習到的是，原來表面上看起來，只是一個簡單的搖茶動作，背後卻有一道道工藝程序，搖雪克器的標準動作，必須緊握瓶身兩端，從丹田處出發，循海豚飛般的曲線，順勢往前推動整條手臂，搖三十三下最為理想，如果前後幅度拉得越長、搖得越快，茶湯不僅濃香，還能搖出細滑泡沫。

一位功力深厚的專業調茶師，光聽冰塊在雪克器裡的撞擊聲音，便能判斷茶飲是否好喝。一杯茶湯濃郁、香氣俱足，入喉有回甘茶韻的泡沫紅茶，從視覺上看來，玻璃杯上層浮著的白色細緻泡沫和碎冰層，必須達四．五公分高，才算標準過關，過與不及都非好茶。如同鼎泰豐資深小籠包師傅，每一個出手的小籠包，重量都恰好是二十一公克，包子皮五公克、餡料十六公克，誤差容忍範圍僅上下〇．一公克，且每分鐘要捏出八個，才算是達人級的水準。

對品牌來說，當顧客越了解你產品的技術含量時，帶給他的消費價值也越高，也才能貴得有道理，免於產品同質化的削價競爭。

資深茶師三十分鐘內說故事、帶頭做

用「品牌行為」（見第四章）的概念來看，鼎泰豐或春水堂提供的ＤＩＹ體驗活動，因為要傳達給所有參加者一致性的品牌認知，不只所有流程，包括品牌故事該如何敘述等，都必須ＳＯＰ化。也就是當從門市人員中找出具溝通熱情的資深茶師，成為帶領體驗活動的品牌大使時，得建立一套標準劇本，作為內部培訓的指導手冊。

為了讓品牌大使能在短短的半小時內，將春水堂三十多年的發展歷史，簡單扼要地說明清楚，並帶領參加者搖出泡沫紅茶和珍珠奶茶，因此，設定的溝通重點只有三件事情。前兩件事分別是春水堂在茶飲史上，兩大革命性的做法，包括熱茶冷喝的先驅變革者；以及帶動茶飲中加入粉圓、仙草等新趨勢。第三件事，才是鼓勵大家，做出全世界最好喝的珍珠奶茶。

從上百條的品牌大事紀，只挑出這兩大革新做法，重提創辦人劉漢介開店前，把在日本看到調製冰咖啡的技巧帶回台灣，運用相同原理調製出泡沫紅茶，一改過去台式紅茶冰，採大桶泡茶方式；以及，從小在菜市場長大的店長林秀慧，將從台中火車站旁建國市場買回的粉圓加入奶茶，首開茶飲加料風氣，原因在於，品牌的溝通策略很清楚，就是以「世界珍珠奶茶發源地」，這個重新定位的訴求，作為品牌槓桿，並聚焦操作。

若從「品牌傳動」（第十章）的角度，ＤＩＹ體驗活動扮演的，是槓桿操作的施力點，也就是發揮傳動效果的「神器」，使得和消費者溝通的行銷議題，不只是傳播觀念或話題，而是產生立即行動，引爆品牌影響力。

走出台灣，以全世界為商圈

對於創新始終保持開放態度，將獲利的時間拉到以百年尺度，不去計較眼前短期報酬，把握每一次和國際友人互動機會，從中發現ＤＩＹ的溝通效果最佳，是春水堂發展出以體驗作為行銷傳動神器的關鍵。

將珍珠奶茶ＤＩＹ手搖體驗活動，定位為創始店的主題，源自二〇一一年，春水堂響應看見台灣基金會，與交通部觀光局合作的「中區國際光點計畫」，希望國際觀光客停留台中期間，不再只是到逢甲夜市短暫停留，匆匆外帶珍珠奶茶就走。而是藉由發展文化觀光體驗行程，讓國際友人在台中旅行時，多停留一點時間，尤其，當旅人能喝到由自己高明手藝調製，天下唯一也是全世界最好喝的珍奶，一定會對台灣留下難忘的美好印象。

秉持相同理念，二〇一五年，春水堂也參與「勇敢外帶台灣，要讓世界看見」，由民間發起的米蘭世界博覽會外帶台灣館計畫，克服將粉圓等原物料和調茶設備，從台灣運到歐洲的重重困難，讓台灣的滋味不在國際重要場合缺席，這也是滿街手搖茶品牌，沒有一家願意做的品牌長期投資。

鼎泰豐、春水堂以有趣的體驗活動，和全世界客人溝通品牌內涵，雖只在台灣一方經營，卻做到了全世界人來到台灣時的生意，儘管創業三十多年來，不斷有同業模仿跟進，卻不怕事業做不大、做不久！

關　於
「　趣　」

大店長

To be

「先學會從每天生活當中找樂趣，你的店才可能變有趣。」

&

Not to be

「別讓你的店只成爲消費場所，顧客想找的是消磨時光的去處。」

我的

To be

Not to be

教戰守則

品牌就是打造信仰！

18

「道」，以無形超越有形

成功的品牌，往往是那些被消費者奉為信仰的品牌。

迪士尼代表「歡樂」的美好時光，星巴克表達對「文青式」生活風格的嚮往，法拉利展現「挑戰極限」的自我超越精神，蘋果則讓人想起創辦人賈伯斯那句名言「求知若渴，虛心若愚」（Stay Hungry, Stay Foolish），那份自我追尋的勇氣……。這些品牌除滿足消費者對產品和服務的需求之外，同時還回應對自我價值和個性表達的渴望，人們選擇用怎樣的品牌展示自己，投射出的也是他的內在心理需求，一定程度來說，品牌所扮演的，正是自我實現的載體。

從很多面向來看，成功品牌和宗教信仰，有著許多極為相似的概念。例如，品牌理念對應的就是教義的中心思想，需要不斷傳播、反覆傳頌，才能植入人們心中，帶來確信不疑的力量。將品牌理念化為商標並落實成SOP，可類比為宗教符號與儀式性行為，引發粉絲一再回購的行為，也如同信徒定期上教堂做禮拜。店頭賣場是展現品牌理念的朝聖道場，顧客口碑則是信眾最有力的見證分享，品牌和宗教兩者同樣都強調忠誠度、具排他性。

品牌之所以被傳承下來，獲得普世性的喜愛和推崇，並不只是它的物質存在，更不可或缺的，是價值觀和文化的延續。

經營品牌不能不重視這樣的無形資產，只有當無形資產超越有形資產，才稱得上是一個成功的品牌，就像一個人，如果價值觀或行事風格不能廣被認同，就算財富再多，也很難成為具個人品牌的成功人士。一個成功的品牌經營者，往往也必須扮演「生意人」和「傳道者」的雙重角色，前者是具備打造商業模式、精算獲利的能力，後者則要能提出價值性的主張和論述，並言行合一躬身實踐。

日本是全世界擁有最多長壽品牌的國家，據調查，光是百年企業就多達兩萬七千家以上，若連個人店鋪在內，則達十萬家以上，還有很多家是超過千年的，日本企業平均壽命為三十年，幾乎是台灣的三倍，也是全世界企業最長命的國家。

歸納這些長壽店家成功法則的《百年傳承》一書提到，長壽品牌有共同特色，除了賺錢之外，還有其他更高價值，帶給整個社會幸福，同時愛護員工，給年輕人機會與成就感，顧客和員工對企業有認同，品牌DNA才會永遠在。

實戰

提升員工氣質和談吐，人文茶館才有深度

開一百家店，但每家店只存活十年。和只開十家店，但每家都能延續一百年。前者是快商機、大量複製，迎合大眾市場；後者則是慢樂趣，重視在地深耕和職人精神，兩種開店模式，你選哪一種？

對春水堂創辦人劉漢介來說，從開店第一天就很清楚，要追求的是後者的開店境界。然而，開店不是比一個人跑得快，而是如何和一群人一起走得遠、走得久。如何讓一個人的主張，成為兩個人共事的默契，乃至形成一群人共同認同的企業文化，考驗品牌

創辦人複製立業理念的本事。

茶館裡的讀書會一開三十年

理念，是一個人經過理性思考，堅信絕對正確的看法，但每個人的價值座標和思維模式不同，理念之爭，是品牌創建過程，必然遭遇的試煉。

春水堂前身是「陽羨茶館」，在四維街創始店，如今都還能找得到這塊招牌，開業三年，因推出泡沫紅茶大受歡迎，於是在臨近的府後店開設分店，但才剛站穩腳步，卻面臨房東毀約收回，劉漢介因而決定買下店面，他的理念是「人有恆產，才有恆心」，但其他股東對此有不同意見，認為生意不知還能做多久，怎可把資金都投到店面，於是決定分道揚鑣，走自己的路。

劉漢介事後回想，當初雖然把錢押在店面投資，發展腳步因而放緩，反觀很多競爭對手，趁行業處於爆發期，紛紛成立加盟總部賺快錢，但他卻定下「築高牆，廣積糧，緩稱王」的經營策略，以十年為一個發展階段，直到第二個十年，春水堂才走出台中揮軍北上。

劉漢介對茶飲事業的理念是，喝茶是一個可以永續百年、不朽經營的事業，宋朝因有近四百年的安定，積累出深厚的生活文化，才把茶文化發揮到最高點。因此，打造一個茶飲品牌，必須把利潤的戰線拉得很長、很遠，就算經營三十多年，已成為一方領導品牌，也不過在邁向百年老店的半路上。

為將人文茶館理念，成為經營團隊共識，春水堂不但成立屆滿十週年時，成立「荊谿茶學院」，作為內部教育訓練中心，開設管理、茶藝兩類課程，以專業當可長可久的根基，劉漢介更親自帶領店長以上幹部開讀書會，選書的範圍寬廣，早年偏重文史哲、企管類書籍，如《中國茶史》、《老殘遊記》、《金剛經》或《基業長青》、《從A到A^{+}》，晚近則陸續加入《蛋白質女孩》、《吃一場有趣的宋朝飯局》、《料理科學》等，較多元活潑的讀物。

茶館裡的讀書會，一開就是將近三十年，從來沒有間斷過，後來也列入人資部門的教育訓練項目，發展為每月定期聚會、每次半天的型態，以關鍵字進行分組報告的運作流程，且為提高參與，總部後勤與營運部門分開舉辦，營運部門參加人員則包括各店店長、副店長。之後，店長再回到各分店，帶領店內全數夥伴，比照辦理分享新書閱讀心得。

除讀書會外，春水堂內部還定期開辦花藝課程，二十多年來，亦已培養多達數十位資深夥伴，取得中華花藝教授資格。

鼓勵夥伴讀書、接近花藝，固然是透過閱讀分享，溝通彼此觀念，傳達企業追求的價值觀，建立審美能力。另一個用意，也在於既以「人文茶館」為名，每一家春水堂都應能各具生命力和文化氣質，而不是呆板複製的連鎖店，所以，全人式的教育訓練非做不可。

比有限人生更長的美好存在

建立品牌，複製流程容易，但複製文化難。在這樣的長時間潛移默化下，原本不愛看書的年輕員工，從心存應付、不得不讀，因為交流分享，慢慢產生興趣，感受到讀書的好處，氣質和談吐都提升許多，由於所受的薰陶和素養不同，傳達給上門顧客的服務質感，自然不是一般冰果茶店、茶吧所能相提並論的，而一切的投入，無非都是為了追求品牌百年永續。

二〇一三年七月，春水堂正式進軍日本，首家分店在東京代官山開幕，以日本工匠技術與日式設計風格，將代官山寧靜優雅的氣氛巧妙融合，中式掛軸，展現華人茶館的風情。珍珠意象吊燈，潮而不顯花俏；素淨的店面和竹葉，則在體現插四時花、掛名人畫的宋朝茶館文化之餘，增添幾許日式禪意，開啟品牌新一階段的國際化布局。

從台中走到代官山，春水堂花了整整三十年時間，當時台灣的總店數，也不過在四十家上下，論連鎖品牌的展店速度，嚴格說並不快，但在消費者心目中的品牌價值，卻難有茶飲同業能超越。這一點和主張「品質是生命」、「品牌是責任」的鼎泰豐很像，鼎泰豐也是扎根二、三十年，才進行海外布局開設分店，展店評估亦首重店質，不以店數取勝，重視人員的內在素質培養，以人開店而非為了開店而用人，因為，經營者深知，市場再好、產品趨勢再成熟，若沒有好人才，路也走不長。

特別是，品牌主事者，重視唯一、專一，更勝爭第一；百年為目標，十年只算初生，不斷自我精進，更不受外在環境影響而動搖初衷。

《一千年的志氣》一書，創業一百五十多年的「勇心酒造」第五代掌門人德山孝社長說：「企業存續，不能沒有偉大的倫理與理念」，品牌和信仰一樣，都要夠純粹，迸發的力量才足以穿透市場、跨越國界並直達人心。付出的雖是耐心堅持的巨大代價，但卻也是一種難得的理想追尋與經營樂趣，因為品牌可以帶來的，是比有限人生更長的美好存在。

關　　於
「　道　」

大店長

To be

「用得獎和演講，讓你的產品開口說話。」

&

Not to be

「不以擊敗別人爲目標，要自問明天如何可以做更好。」

我的

To be

Not to be

大店長開講2

夢想店的18堂品牌必修課

作者	何炳霖、劉鴻徵、劉彥伶、尤子彥
商周集團榮譽發行人	金惟純
商周集團執行長	郭奕伶
視覺顧問	陳栩椿
商業周刊出版部	
總編輯	余幸娟
責任編輯	羅惠馨
封面設計	黃聖文
內頁設計排版	豐禾設計
校對	渣渣
出版發行	城邦文化事業股份有限公司-商業周刊
地址	104台北市中山區民生東路二段141號4樓
傳真服務	（02）2503-6989
劃撥帳號	50003033
戶名	英屬蓋曼群島商家庭傳媒股份有限公司城邦分公司
網站	www.businessweekly.com.tw
香港發行所	城邦（香港）出版集團有限公司 香港灣仔駱克道193號東超商業中心1樓 電話：（852）25086231傳真（852）25789337 E-mail：hkcite@biznetvigator.com
製版印刷	中原造像股份有限公司
總經銷	高見文化行銷股份有限公司 電話：0800-055365
初版 1 刷	2016年（民105年）10月
初版 9 刷	2021年（民110年） 4 月
定價	360元
ISBN	978-986-93405-8-8

國家圖書館出版品預行編目資料

大店長開講2：夢想店的18堂品牌必修課 / 尤子彥等著. -- 初版. -- 臺北市：城邦商業周刊, -- 民105.09 面； 公分

978-986-93405-8-8（平裝）

1.商店管理

498 105017889

金商道

The positive thinker sees the invisible, feels the intangible, and achieves the impossible.

惟正向思考者，能察於未見，感於無形，達於人所不能。 —— 佚名